쫌 아는 10대
모두 빛의 후예

쫌 아는

10대

고재현 글
방상호 그림

온몸 뚜 빛의 후예

풀빛

빛의 세계로 떠나는 여행에 앞서

우리는 모두 빛의 후예 ═══

정신이 드니? 벌써 새벽이야. 이제 단잠을 깨고 살며시 눈을 떠 주위를 둘러보렴. 당장은 아무것도 보이지 않겠지만, 어둠 속을 가만히 주시해 봐. 암흑 속에 있던 사물들의 윤곽이 흐릿하게 눈에 들어오기 시작하지? 방 안을 떠도는 희미한 빛이 눈에 들어와 망막의 시세포들을 자극하고 있어. 희미한 빛까지도 감지해 내는 우리 눈이 능력을 발휘하는 순간이지. 그래도 이런 어둠 속에서는 사물의 구체적인 형상과 색을 구분하기가 힘들어.

이제 스위치를 눌러 전등을 켜 보렴. 천장에 달린 형광등에서 뻗어 나온 빛이 순식간에 온 방 안을 채울 거야. 1초에 무려 30만 킬로미터라는 엄청난 속도로 말이야. 전등을 떠나 사방으로 퍼진 빛은 사물들과 벽에 부딪쳐 흡수되고 변조되고 반사될 거야. 그렇게 사물들의 표면을 떠난 빛은 다시 우리 눈으로 들어

오겠지.

사물들이 특유의 색과 밝기로 자신을 호소하는 듯 보이지 않니?

이제 커튼을 열고 밖을 내다보자. 동쪽에서 새벽의 여명이 밝아 오려고 해. 태양은 아직 지평선 밑에 숨어 있지만, 비스듬히 올라오는 햇빛을 맞이하는 대기는 슬슬 잠에서 깨어나려 기지개를 켜고 있어. 어둡고 푸른 하늘 아래 지평선 부근이 붉게 물들기 시작하네. 붉은빛의 대기는 어느덧 노란색으로 변하며 태양을 맞이할 준비를 하지. 대기의 분자는 자신을 비추는 태양빛에 반응해 빛을 산란시키고, 빛의 산란이 하늘이라는 도화지에 붉은 노을과 파란 하늘을 그려. 어때? 떠올리고 있자니 황홀해지지 않니?

빛의 세계로 떠나는 여행에 앞서

자, 드디어 지평선을 탈출해 솟아오른 태양이 모습을 드러내고 있어. 태양 표면을 떠나 8분여 만에 지구에 도착한 빛. 지구에 활력을 주는 존재이자 모든 생명체의 기원인 태양 에너지를 느껴 봐. 태양의 휘황찬란한 빛이 우리 마을과 마을 주위를 둘러싼 산들을 비추고 있어. 식물들은 광합성을 시작하며 태양 에너지를 몸속에 저장할 테고, 이를 호시탐탐 노리는 동물들에게 너그럽게 자신의 일부를 내어 주겠지. 그렇게 먹이사슬을 따라 돌고 도는 에너지는 결국 우리를 먹여 살리고, 우리의 몸을 구성할 거야. 우리가 오늘도 힘차게 하루를 시작할 수 있는 원천은 태양이야.

그런 면에서 우리 모두는 빛의 후예라 할 수 있지.

빛이 나르고 쌓아 올린 문명의 시대 =====

요즘 시대를 규정하는 중요한 키워드는 뭘까? 오늘날을 흔히 '정보화 시대' 혹은 'IT(Information Technology, 정보 기술) 시대'라고 부르지. 그리고 보면 정보가 가장 중요한 단어 중 하나일 것 같아. 그런 정보화 시대를 이끄는 주역이 있어. 바로 빛이야! 앞으로도 우리 생활에 더 폭넓게 영향을 미치며 발전해 갈 IT

시대는 빛의 시대, 곧 광(光)기술의 시대이기도 해.

현대인이 손에서 떼어 놓지 못하는 휴대폰을 떠올려 보자. 손바닥만 한 디스플레이* 화면을 구성하는 수백만 개의 화소들은 전자회로의 조정을 받으며 우리에게 끊임없이 정보를 보내고 있어. 우리 눈이 볼 수 있는 빛의 형태로 말이야. 사람은 시각, 청각, 촉각, 미각, 후각 등 다섯 가지의 오감 중 시각을 통해 80퍼센트 이상의 정보를 획득한다고 하지. 그만큼 시각을 통한 정보 전달이 중요하다는 뜻이야. 디스플레이는 정보를 시각적 형태로 전달하는 대표 주자야. 전자 손목시계부터 휴대폰, 태블릿, 노트북, 모니터, 그리고 어른 키와 맞먹는 대(大)화면 평판 디스플레이에 이르기까지, 우리는 다양한 디스플레이에 둘러싸여 살아가고 있어.

이뿐만이 아니야. 한 사람 한 사람을 세상과 연결해 주는 인터넷 통신선, 이른바 광랜(LAN)도 빛을 빼놓고 말할 수 없어. 광랜의 광 역시 빛 광(光) 자를 써. 광섬유에 기반한 광통신을 이용하기 때문이지. 머리카락 굵기보다 훨씬 가는 광섬유 속을 눈에 보이지 않는 빛의 일종인 적외선 펄스**가 광속으로 흐르

● 처리한 정보를 시각적 형태로 화면에 나타내는 장치.
●● 아주 짧은 시간 동안만 지속하는 파동을 펄스(pulse)라고 해.

빛의 세계로 떠나는 여행에 앞서

면서 정보를 전달하거든. 지구 대부분의 바다 밑바닥에는 광통신망이 깔려 있어. 광통신망은 전 세계에 정보를 전달·공급하는 인류의 혈관이라고 할 수 있지. 엄청난 길이의 통신망을 통해 지금도 쉴 새 없이 빛의 통신이 이루어지고 있는 거야.

주변을 둘러보면 빛에 기반한 광기술이 약방의 감초처럼 사용되고 있다는 걸 알 수 있어. 슈퍼마켓에서 상품의 바코드를 인식하는 기계, CD나 DVD 같은 저장 매체, 레이저 포인터부터 강철 절단용 고출력 레이저에 이르는 레이저 기술, 제품을 검사하는 장비에서 의료용 진단 기기까지 빛의 기술이 적용되는 예는 헤아릴 수도 없이 많지. 눈에 보이는 빛인 가시광선뿐 아니라 자외선, 적외선, 마이크로파 등 눈에 보이지 않는 빛까지 영역을 확장한다면 인류의 문명이 빛을 이용한 광기술에 얼마나 크게 의존하고 있는가를 절감할 수 있어.

어떤 분이 우리 문화재에 대해 "아는 만큼 보인다"라고 했다지. 문화재만 그런 건 아니야. 이 책에서 다룰 빛에 대해 더 잘 알게 된다면, 생활 전반에서 이용하고 있는 정보통신 기술, 광기술이 새롭게 눈에 들어올 거야. 매일 접하고 사용하는 빛의 기술들을 이해하게 되면, 이를 보다 지혜롭게 사용할 수 있는 길이 보이지 않을까?

 빛과 광기술은 응용 범위가 매우 광범위하고 현대 기술 문명에 아주 큰 영향력을 가지고 있어. 그런데 빛이 과학의 발전에 끼친 영향력도 기술적 응용을 이끈 것에 못지않게 크고 중요해. 빛에 대한 연구 역사를 살펴보면 여느 추리소설보다 훨씬 흥미로운 얘기들이 펼쳐지지.

 물리학의 역사는 19세기 후반 혹은 20세기 초반을 기점으로 고전물리학과 현대물리학으로 나눌 수 있어. 고전물리학은 아이작 뉴턴이 17세기에 고전역학을 확립하고, 19세기 맥스웰이 전자기학을 정립하면서 완성되었지. 왜 '완성'이라고 하냐면 운동과 빛의 이론을 확인했으니 이제 자연을 다 이해했다고 생각했기 때문이야. 그런데 19세기 후반부터 고전물리학으로 설명되지 않는 현상들이 발견되기 시작했어. 이 현상들을 설명하기 위해 물리학자들이 노력해 만든 이론을 현대물리학이라고 불러. 현대물리학에서 가장 중요한 두 기둥은 양자역학과 상대성이론이야.

 상대성이론을 완성한 세계적인 물리학자 아인슈타인은 어린 시절부터 빛을 보며 '빛과 같은 속도로 날아가며 빛을 보면 어떻게 보일까' 하는 생각을 하곤 했대. 아인슈타인은 이러한 고민을 바탕으로 상대성이론을 세상에 내놓았지. 상대성이론은 다시 특수상대성이론과 일반상대성이론으로 나뉘어. 특수상대성이론은 진공 중에서 빛의 속도가 불변이라는 전제로부터 출발해 이론적 틀이 완성되었지. 일반상대성이론은 중력과 공간에 대한 이론이야. 아인슈타인은 이 이론을 제안하면서 중력이 센 태양 근처에서 빛이 휠 것이라 예측했어. 이 예측이 실험으로 검증됨으로써 일반상대성이론이 확고한 뿌리를 내리게 되었지. 이처럼 상대성이론의 착상과 정립 과정에서 빛은 떼어 낼 수 없는 존재야.

양자역학은 원자 같은 작은 세계의 물리를 설명하는 이론이야. 어렵기로 소문난 양자역학에 대해 설명하자면 이 책 분량의 열 배로도 모자랄 거야. 그러니 여기에서는 양자역학이 탄생하게 된 출발점에 온도를 가진 물체나 원자에서 나오는 빛의 스펙트럼을 설명하려는 과학자들의 노력이 있었다는 정도만 알아 두자.

이처럼 빛은 현대물리학이 만들어지는 과정과 떼려야 뗄 수 없는 중요한 부분이야. 이 말인즉 빛에 대한 탐험은 현대물리학에 대한 탐험이라고도 볼 수 있다는 거지. 그리고 그 탐험은 지금도 진행 중이야.

빛과 현대물리학의 관계라니, 너무 어렵다고? 걱정하지 마. 이해가 안 되는 게 당연해. 아인슈타인처럼 천재적인 물리학자도 평생에 걸쳐 고민하고 연구했던 빛이라는 주제를 이 한 권의 책으로 전부 이해한다는 건 말이 안 되잖아. 친구를 깊이 사귀는 데에는 지난한 노력과 시간이 필요하지? 빛을 이해해 나가는 과정도 마찬가지야. 중요한 건 이를 이해하려고 내딛는 첫 걸음과 용기지.

밝음과 희망을 이끄는 빛의 세계로 ═══

빛은 뭘까? 공간을 메우는 따뜻한 열기? 아니면 직선으로 날아가는 광선? 본다는 것은 어떤 의미일까? 뇌가 받아들이는 이미지? 아니면 눈이 조작한 이미지?

빛은 우리가 살아가는 세계에 대한 정보를 시각의 형태로 우리에게 제공해 주지. 뭔가를 본다는 것은 결국 빛과 사물들의 상호작용을 통해 만들어진 결과야. 즉, 빛은 우리를 물질세계로 인도하는 안내자라고 할 수 있어. 그렇다고 빛을 눈으로 직접 볼 수 있는 가시광선으로만 생각하면 곤란해. 보이지 않는 빛까지 포함한다면 빛의 세계는, 즉 전자기파의 세계는 정말로 다채롭고 광대하거든. (전자기파에 대해서는 1장에서 이야기해 줄게.)

지금도 우리 주변엔 엄청나게 다양한 빛들이 돌아다니고 있어. 태양이나 조명이 내는 빛, 그 빛이 사물에 부딪쳐 변조된

빛, 휴대폰을 향해 끊임없이 전달되는 기지국의 마이크로파,
각종 전자제품에서 나오는 전파 신호들…. 이것들이 사람과 사
람을, 사람과 세계를, 이 세계와 저 세계를 하나의 네트워크로
연결해 주고 있어. 그리고 그 속에는 이웃 은하인 안드로메다
은하로부터 250만 년 전에 출발해 이제야 지구에 도달한 빛들,
그보다 더 먼 과거에서 온, 빅뱅으로 탄생해서 초기 우주 흔적

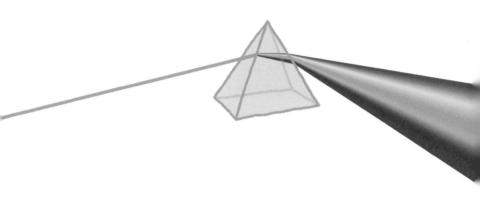

을 담고 있는 희미한 빛까지 돌아다니고 있을 거야.

　이 책과 함께 떠나 볼 빛을 향한 이 짧은 여행은 우리가 살고 있는 이 세계를, 현대의 첨단 정보 사회를, 그리고 우리 자신의 기원을 더 잘 이해하기 위한 여행이 될 거야. 물속에 잠수해 보면 한시도 쉬지 않고 들이쉬고 내쉬는 공기의 소중함을 느끼게 되지. 이와 비슷하게, 어느 날 돌연 빛이 사라진다면 어떻게 되겠니? 매일 우리를 세상과 연결해 주는 빛이 사라진다면, 그건 암흑과 절망의 세상이 아닐까?

　자, 우리를 밝음과 희망으로 이끄는 빛의 세계로 떠나 보자.

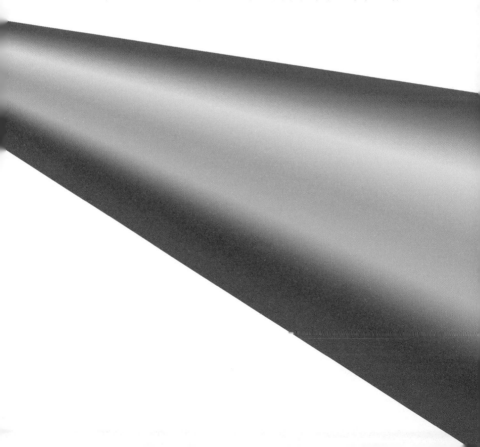

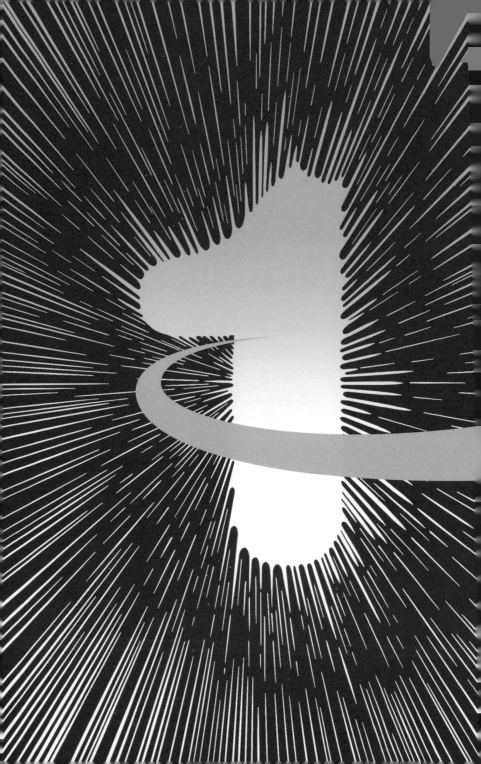

기묘한 빛의 파동

빛은 무엇일까? 이 질문에 뭐라고 대답할래? 아주 오래전부터 수많은 과학자들이 가설을 세우고 검증함으로써 알아낸 사실은 이거야. 빛은 파동이다! 동시에 입자다! (이건 마치 '삼각형인데 사각형이다' 하는 소리처럼 들릴지도 모르겠다.) 이런 빛의 이중성은 과학자들로 하여금 빛에 대한 연구 의지를 불태우게 했지.

자, 지금까지 과학자들이 발견해 낸 이 흥미로운 양면성을 구체적으로 살펴보자. 그러자면 파동의 성질에 대해 자세히 알아보는 것이 먼저야.

여는 글에서 전자기파라는 말이 나왔잖아. 전자기파는 전자기 파동을 줄여 부르는 말이야. 전자기파에는 빛도 포함되는데, **파동**(波動)이라 부르는 커다란 물리 현상 중 하나지. 따라서 우리의 여행을 파동에서부터 시작하는 게 자연스러울 것 같아.

파동의 파(波)는 '물결'을 의미히고 동(動)은 '움직임'을 뜻하는 한자어야. 표준국어대사전을 보면 물결이란 "물이 움직여 그 표면이 올라갔다 내려왔다 하는 운동"이라 적혀 있어. 물결의 속성은 결국 물의 흔들림, 진동인 거지.

잔잔한 호수에 돌멩이를 던져 본 적 있지? 그때 물결이 어떻게 퍼졌는지 기억을 더듬어 보자. 돌멩이가 떨어진 곳을 중심으로 물의 흔들림이 생기면서 동심원으로 퍼져 나갔지? 어느 지점에 돌멩이가 떨어지면 그곳의 물은 당연히 아래로 꺼지고, 이 움직임이 바로 옆에 있는 물을 위로 들어 올려. 돌멩이가 떨어져 움푹 내려간 물은 원래의 상태로 돌아오고자 다시 올라오고, 그 옆에서 올라갔던 물은 역시 원래의 상태로 내려오면서 바깥쪽의 잔잔하던 물을 들어 올리지. 이런 식으로 물의 표면이 위아래로 흔들리면서 그 진동의 패턴이 동심원 방향으로 나아가는 것이 물 표면의 파동, 즉 수면파야. 다시 말하면 파동이란 어떤 곳에 생긴 진동이 주위로 퍼져 나가는 물리적 현상인 거지.

 여기서 주의할 게 있어. 물의 흔들림, 즉 수면파가 퍼져 나갈 때 표면의 물도 따라서 흘러간다고 생각하지 않았니? 사실은 그렇지 않아. 경기장에서 파도타기 응원을 하는 장면을 상상해 보자. 파도타기 응원을 할 때 사람들은 각자 흐름에 맞춰서 자리에서 일어났다가 앉잖아. 즉, 사람의 위치에는 변함이 없어. 하지만 사람들이 만드는 거대한 파도는 경기장을 한 바퀴 힘차게 휘감아 지나가지? 수면파도 마찬가지야. 돌멩이에 의해 물결이 일었을 때 물의 진동이 지나갈 뿐, 물은 제자리에서 위아래로만 움직여. 파도타기 응원을 하는 사람들처럼 물도 진동하는 파동의 패턴을 전달해 줄 뿐, 흘러가지는 않는 거야. 이렇게 파동이 진동하는 패턴을 전달하는 물질을 **매질**이라고 불러. 파도타기 응원의 경우에는 사람이 파동의 흐름을 전달하는 매질이고, 수면파의 경우에는 물이 매질인 거지.

 다시 정리해 보자. 수면파란 물 표면의 특정 지점에서 발생한 진동 패턴이 사방으로 퍼져 나가고 이 과정에서 매질인 물이 제자리에서 진동하는 현상이야.

 파동을 보려면 바다나 호숫가에 가야만 할까? 꼭 그렇지는 않아. 우리가 이미 파동에 파묻혀 살아가고 있으니까. 그게 무슨 얘기냐고? 우선 보고 들을 수 있는 것부터가 파동 덕분이야.

사람은 눈으로 빛의 파동을 보고 귀로 소리의 파동, 즉 음파를 들어. 텔레비전과 라디오, 휴대폰의 신호를 싣고 내달리는 수많은 전파들, 눈에 보이지 않는 다른 종류의 전자기 파동도 대기를 가득 채우고 있어. 인류를 두려움과 공포 속에 빠뜨리는 지진 역시 땅의 진동이 전달되는 파동의 일종이지. 그러니 우린 파동 속에서, 파동을 느끼고, 파동을 이용하며, 파동과 함께 살아가는 존재라 할 수 있어.

자, 파동이 무엇인지는 대충 설명했으니, 이번에는 파동의 구석구석을 자세히 살펴보자. 먼저 두 가지 파동 종류부터!

어느 방향으로 움직이나, 파동? ═════

그림 1-1을 보자. 커다란 용수철을 흔드는 실험인데, 두 가지 방법으로 흔들고 있어. 위쪽 그림처럼 용수철을 앞으로 밀면, 용수철은 순간적으로 압축되었다가 다시 벌어지지. 그러면 그 옆이 압축되고, 이런 움직임이 반복되면서 압축된 부분이 펄스처럼 앞으로 전달될 거야. 이때 용수철을 앞뒤로 주기적으로 흔들면 압축되고 성긴 부분이 교대로 생기면서 수평으로 전달되는 파동이 생기지. 이 용수철이 전달하는 파동에선 용수철이 매질의 역할을 한다고 보면 돼. 그림을 보면 파동이 전달되

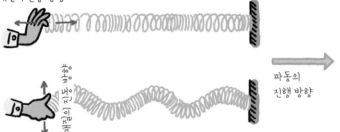

1-1 흔들흔들, 쭉쭉! 매질에 진동을 일으켜 보자!

는 방향과 매질인 용수철이 진동하는 방향이 같지? 이런 파동
을 **종파**라고 불러. 종파의 대표 주자는 소리의 파동인 음파야.
말을 할 때는 목의 성대를 울려서 공기를 진동시키고 이 진동
이 전달되어 우리의 고막을 울리지. 이때 공기는 손으로 미는
용수철처럼 성대의 울림에 따라 앞뒤로 흔들리면서 압축되거나
성기는 방식으로 진동해. 그리고 공기가 그렇게 진동하는 방향
으로 음파가 전달되지. 그래서 음파는 종파인 거야.

이번엔 그림 1-1의 아래쪽을 보자. 용수철 한쪽 끝을 잡고
위아래로 흔들면 우리에게 친숙한 파형이 만들어지지. 꼭 용수
철일 필요는 없어. 줄을 가지고 실험을 해도 같은 형태가 나올
거야. 재미있는 건, 이 파동도 진행 방향은 위와 동일하게 오른

쪽인데 용수철(혹은 줄)이 흔들리는 방향은 위아래라는 거지. 이처럼 파동의 진행 방향과 매질의 진동 방향이 수직을 이루는 파동을 **횡파**라고 불러. 줄의 파동이나 수면파가 대표적인 횡파이고, 전자기파도 횡파에 해당해.

이처럼 파동은 운동하는 방식에 따라 자기만의 이름이 있어.

파동 구석구석에 이름을 붙여 주자 ═══

이제는 파동을 이리저리 쪼개서 이름표를 붙여 보자. 이름표를 제대로 붙이고 나면 파동의 속성을 이해하는 데 도움이 될 거야.

다음 페이지 그림 1-2의 위쪽은 종파, 아래쪽은 횡파를 묘사했어. 혹시 벌써 눈치챈 친구가 있으려나? 위쪽 그림은 스피커가 울리며 만들어진 소리에 의해 생기는 공기의 밀도 변화를 표현한 거야. 점이 촘촘히 모여 있는 지점은 공기의 밀도가 높은 곳이고, 점이 드문드문한 곳은 그 반대라고 생각하면 돼. 아래쪽 그림은 호수 표면에 생긴 수면파를 옆에서 본 모습이라고 상상하면 쉽게 이해가 될 거야. 구불구불 위아래로 굽이치는 선은 물의 높낮이인 거지.

이 그림은 파동이 지나가는 순간을 정지 화면으로 담은 것이라고 생각하고 그림 속 공기의 밀도와 물의 높낮이를 관찰해 보

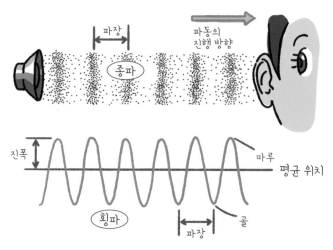

파장

파동의
진행 방향

종파

진폭

마루

평균 위치

횡파

골

파장

1-2 파동 구석구석의 이름들.

자. 어떤 공통점이 보이니? 맞아! 똑같은 패턴이 규칙적으로 반복되지? 공기의 밀도나 물의 높낮이 변화가 똑같은 모양으로 반복되어 펼쳐지지. 이렇게 **규칙적으로 반복되는 성질을 주기성**이라고 불러. 잘 기억해 두자. 이건 파동의 가장 중요한 성질 중 하나니까.

패턴이 한 번 반복되는 길이는 **파장**이라고 해. 음파의 경우에 파장은 공기가 가장 조밀한 곳(밀도가 제일 높은 곳)에서 그다음 조밀한 곳까지의 길이, 혹은 가장 희박한 곳에서 그다음 희박한 곳까지의 길이지. 수면파의 파장은 물의 높이가 가장 높은 곳에서부터 그 옆의 가장 높은 곳까지의 길이라고 정의할 수 있어. 물의 높이가 가장 낮은 위치에서 그 옆의 가장 낮은 위치까지의 길이라고 해도 맞고. 이때 물이 도달한 가장 높은 위치를 **마루**, 가장 낮은 위치를 **골**이라고 불러. 이를 이용해 다시 말하면, 수면파의 파장은 골과 골 사이, 마루와 마루 사이의 길이라고 할 수 있지. 자, 요약해 보자.

> 모든 파동은 공간적으로 동일한 패턴이 반복되는 주기성을 가지고 있고, 파장이라는 성질로 자신의 모습을 드러낸다!

정리가 되지? 그럼 파동이 진동하며 퍼져 나갈 때 파장은 어떻게 자신을 드러낼까? 앞서 설명한 대로 파장은 매질이 한 번 진동하면서 진행하는 거리야. 돌멩이를 호수 표면에 던져서 수면파를 만들면 물이 위아래로 진동하면서 물결이 퍼져 나가지? 이때 물이 위아래로 한 번 진동할 때 파동의 패턴이 진행하는 거리가 파장이라고 설명했어.

호수에 종이배를 띄웠는데, 수면파의 마루가 종이배에 도착했다고 치자. 그럼 종이배는 물의 높이가 가장 높은 곳에 있겠지. 그러다 이내 마루가 가 버리면 종이배의 위치는 점점 낮아지다가 골이 도착했을 때 가장 낮은 위치에 놓일 거야. 골이 지나가면 다시 물의 높이가 높아지면서 종이배는 또 다른 마루 위에 올라가겠지. 여기까지가 '파동이 한 번 진동한다'라고 하는 과정이야. 처음 도착했던 마루가 파동이 한 번 진행하는 동안 이동한 거리를 파장이라고 할 수 있지.

물과 같은 매질이 한 번 진동할 때 걸리는 시간도 파동의 중요한 속성이야. 이를 **주기**라고 하는데, 파동이 전파되면서 매질이 한 번 진동하는 데 걸리는 시간을 말하지.

호수 위에 두고 온 종이배로 돌아가 보자. 수면파 위에 있는 종이배가 마루에 있다가 가장 낮은 위치로 내려간 후 다시 마루, 즉 가장 높은 위치로 올라올 때까지 걸리는 시간이 바로 주기야. 그런데 과학자들은 주기 외에 1초 동안에 매질이 진동하는 횟수를 뜻하는 **진동수**라는 개념을 사용하기도 해. 진동수 대신 **주파수**라는 말을 쓰기도 하지. 종이배가 마루에서 골로 내려갔다가 다시 마루로 올라오는 데 걸린 시간이 0.2초라고 해 보자. 그렇다면 종이배의 주기는 0.2초지. 그럼 1초 동안 종이배가 몇 번 진동할까? 0.2초마다 한 번씩 진동하니까 1초에는 5번 진동하겠지? 이게 진동수야. 이 결과에서 우리는 진동수와 주기가 역수 관계라는 걸 알 수 있어. 어렵지 않지? 진동수의 단위로는 헤르츠(Hz)를 사용해. 따라서 종이배를 진동시킨 수면파의 진동수는 5헤르츠지.

우아, 파동의 성질을 벌써 이만큼이나 알게 되었네! 파동이 일어나는 순간을 사진으로 찍어 보면 똑같은 패턴이 반복되는 모습을 볼 수 있어. 또한 파동이 일어나는 동안 한 지점을 주시하면 시간이 흘러가면서 진동이 주기적으로 계속됨을 알 수 있지. 즉, **위치상 패턴이 반복되는 성질**은 **파장**, **시간상 반복되는 성질**은 **주기**, 혹은 **진동수**로 나타낼 수 있어.

파동이 나타내는 성질은 진동수와 파장에 따라 많이 달라져. 바이올린과 첼로가 다른 소리를 내는 것도 줄이 진동하며 만드는 진동수가 다르기 때문이야. 진동수가 낮을수록 저음이, 높을수록 날카롭고 높은 음이 나지.

파동의 속도를 계산해 보자 ≡≡≡

파장과 주기를 이용하면 파동의 빠르기, 즉 파동의 **속도**를 계산할 수 있어. 파동의 속도가 왜 중요하냐고? 소리나 빛과 같은 파동의 빠르기에 대한 연구는 사실 과학자들의 순수한 호기심에서 시작했다고도 할 수 있어. 하지만 파동을 다양한 기술 분야에 응용하는 데 핵심적인 성질 중 하나가 파동의 속도이기도 하지. 자동차에 장착해서 찾아가고자 하는 곳의 위치를 정확히

1. 기묘한 빛의 파동

알아내는 GPS[●]만 해도 빛의 속도에 절대적으로 의존하고 있어.

자, 그럼 파동의 속도는 어떻게 계산할까? 움직이는 물체의 속도는 어떻게 계산하는지 알지? 자동차로 대전에서 서울까지 간다고 생각해 보자. 대전과 서울 사이의 거리가 대략 180킬로미터인데 자동차로 3시간이 걸렸다면 자동차는 시속 몇 킬로미터로 달린 걸까? 직감적으로 시속 60킬로미터라는 답이 떠올랐겠지? 그래도 속도, 시간, 거리 사이의 관계를 떠올리며 계산해 보자. 속도는 가고자 하는 거리를 가는 데 걸린 시간으로 나눠서 구하잖아. 그러니 180킬로미터를 3시간으로 나누면 시간당 60킬로미터로 갔다는 답이 나와. 이 관계식을 파동의 속도 계산에도 그대로 쓸 수 있어. 즉, 파동의 속도도 길이 나누기 시간으로 구할 수 있다는 거야.

그럼 파동에서는 어떤 길이와 어떤 시간을 선택해야 할까? 그렇지! 우린 이미 답을 알고 있어. 한 번 진동하며 나아가는 거리인 파장을 한 번 진동하는 데 걸리는 시간인 주기로 나누면 되지. 그럼 아래와 같이 정리할 수 있어.

● GPS는 Global Positioning System의 약자로 위성항법장치라 불려. 지구 궤도를 도는 위성들로부터 도착하는 전자기파 신호를 이용해 위치를 계산하지.

파동의 속도 = 파장÷주기 = 파장×진동수

주기와 진동수는 역수 관계니까 주기로 나누는 건 진동수를 곱하는 것과 같지. 자, 그럼 간단한 연습 문제! 어떤 파도의 파장이 4미터라고 해 보자. 주기가 2초라면 이 파도의 속도는 얼마일까? 2초라는 주기 동안 4미터를 진행했으니 속도는 거리 나누기 시간이라는 공식에 따라 4미터 나누기 2초, 즉 초속 2미터가 되겠네. 간단하지? 이 공식 하나는 잘 기억해 두기 바라. 이 책에서 거의 유일하게 자주 언급할 관계식이니까.

이제 파동에 붙일 마지막 이름표까지 왔어. 이번엔 **진폭**이 주인공이야. 진폭은 수면파로 설명해 보는 게 좋겠어. 물이 잔잔할 때의 높이와 파동이 생겨서 수면이 제일 높거나 낮을 때의 높이 차이, 이걸 진폭이라고 해. 다른 말로 하면 평상시 수면 높이와 마루(혹은 골)의 높이 차이라고 할 수 있어. 물이라는 매질이 가장 많이 올라가거나 가장 많이 내려간 지점까지의 높낮이를 의미하지. 음파로 따지면 소리가 지나가지 않을 때의 공기 밀도와 소리가 지나가며 공기를 압축해 가장 높아진 밀도 사이의 차이가 소리의 진폭이야.

그렇다면 진폭은 무엇을 의미할까? 잔잔한 바다 위에서 살랑거리며 부는 바람에 의해 진폭이 50센티미터인 파도가 형성되어 해안으로 오는 경우, 혹은 강력한 지진이 발생해 진폭이 15미터인 거대한 쓰나미가 오는 경우를 생각해 보면 짐작할 수 있을 거야. 그래, 맞아. 진폭은 파동이 전달하는 에너지의 크기와 관련이 있어. 쓰나미의 경우에는 엄청난 에너지가 높이 15미터인 진폭으로 나타나는 거지. 조력 발전소가 이 파도라는 파동의 에너지를 이용해 전기 에너지를 생산하는 곳이야. 지진이 발생했을 때 땅의 움직임이 심할수록, 즉 지진파의 진폭이 클수록 파괴력이 더 커지는 것도 같은 맥락으로 이해할 수 있어.

무엇이 빛을 전달하는 거야? ═══

위에서 예로 든 수면파, 음파, 지진파 등은 모두 파동이고, 매질을 통해 진동이 전달된다는 특징이 있다고 했어. 수면파는 물이, 음파는 공기나 물이, 그리고 지진파는 땅이 진동을 전달하는 매질이지. 그런데 빛도 파동이라니, 이건 무슨 의미일까? 빛에도 매질이 있어서 그 매질이 진동하며 빛을 전달한다는 뜻인 걸까? 19세기까지만 해도 과학자들은 빛에도 다른 파동과 마찬가지로 이를 전달하는 매질이 있다고 믿었지. 매질이 없는 파동은 상상을 할 수 없었으니까. 우주 공간을 가득 채우면서 빛을 전달하는, 하지만 한 번도 측정하거나 확인한 적이 없는 이 가상의 매질을 과학자들은 에테르(aether)라고 불렀어. 그런데 19세기 말 마이컬슨(Albert Michelson)과 몰리(Edward Morley)라는 미국의 물리학자들이 정밀한 실험을 하여 에테르가 존재하지 않는다는 걸 밝혀냈지. 마이컬슨은 이 업적을 인정받아 미국인 최초로 1907년 노벨물리학상을 수상했어. 그 정도로 굉장한 발견이었다는 거지.

에테르라는 가상의 매질이 없다는 건 무슨 의미일까? 그것은 **빛**이 **매질의 도움 없이 전달되는 파동**이라는 뜻이야. 우주 공간처럼 아무것도 없는 진공 상태에서도 빛은 아무 문제없이 엄청난 속도로 내달릴 수 있다는 거지.

빛이 어떤 매질의 도움도 없이 나아가는 파동이라지만, 그래도 무엇인가 진동을 해야 하는 것 아니냐는 생각이 들지도 모르겠어. 앞에서 모든 파동은 어떤 물리적 성질이 끊임없이 진동하면서 퍼져 나가는 현상이라고 했으니까. 그래. 빛의 파동을 전달하는 매질은 없지만 빛에는 당연히 진동하는 속성이 있어.

다음 페이지의 그림 1-3을 살펴보자. 이 그림은 전자기파가 진행할 때 그 진행 방향에서 수직으로 진동하는 물결 모양의 두 속성이 표현되어 있어. 그림에서 보듯이 빛을 이루며 진동하는 두 속성 중 하나는 전기장이라 부르는 성질이고 다른 하나는 자기장이라 부르는 성질이야. 전기장과 자기장의 진동이 결합되어 있어서 '전자기'파라고 하는 거지. 수면파에서 파문이 표면을 따라 퍼져 나갈 때 물은 퍼져 나가는 방향에 수직으로 진동했잖아. 이처럼 파동이 진행하는 방향과 매질의 진동이 수직을 이루는 파동을 횡파라고 불렀어. 기억하지? 빛을 포함하는 모든 전자기파는 횡파란다. 우리가 앞으로 걸어갈 때 오른팔과 왼팔을 움직이며 걷듯이 전자기파도 전기장과 자기장이라는 두 팔이 서로 협력해 진동하며 앞으로 나아가는 거라고 비유적으로 이해해도 좋을 것 같아.

전기장과 자기장이 무엇인지 아직은 잘 모르겠지? 당연해. 이 두 개념은 대학생들도 한 학기 내내 배우는 주제거든. 그러니 생활 속에서 일어나는 일들을 가지고 최대한 쉽게 설명해 볼게.

겨울철에 빗으로 머리를 빗으면 어떤 일이 벌어지지? 빗과

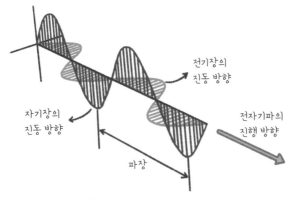

자기장의
진동 방향

전기장의
진동 방향

전자기파의
진행 방향

파장

1-3 전기장+자기장은? 전자기파!

머리카락 사이의 마찰로 인해 마찰 전기, 즉 정전기가 발생하면서 빗과 머리카락이 달라붙지. 이렇게 정전기를 띠게 하는 전하에는 양전하와 음전하, 두 가지가 있다는 얘기는 들어 봤을 거야. 서로 다른 부호의 전하끼리는 잡아당기는 힘이 작용하지만 같은 전하끼리는 밀쳐 내는 힘이 작용하는데, 이를 전기력이라고 불러. 그런데 서로 떨어져 있는 두 전하는 상대방을 어떻게 알아보고 전기력을 일으키는 걸까? 물리학자들은 각 전하가 만드는 전기장이라는 성질이 공간을 가득 채우고 있고 이것이 전기력을 전달한다고 설명하고 있어.

자기장도 마찬가지야. N극과 S극으로 이루어진 자석 두 개를 같은 극끼리 맞대면 서로 밀쳐 내고 다른 극끼리 맞대면 서로 끌어당기잖아? 이렇게 자석이 서로에게 미치는 힘을 자기력이라고 해. 그렇다면 자석들은 멀리 떨어져 있을 때 어떻게 상대방의 존재를 느낄까? 이것도 전기력과 비슷해. 자석이 만드는 자기장이 공간을 채우고, 이것이 자기력을 전달한다고 생각하고 있지. 이 두 가지 속성, 즉 전기력과 자기력을 전달하는 전기장과 자기장이 바로 빛을 구성하는 두 기둥이야. 그림 1-3처럼 이들이 서로 협력하고 발을 맞춰 진동하면서 전자기파라는 파동을 일으키지.

빛은 파동인 동시에 입자

이제 전자기파에 대해 본격적인 탐험에 나설 텐데, 그 전에 빛에 대해 한 가지 얘기만 더 하고 넘어갈게.

지금까지 얘기한 대로 빛은 매질의 도움 없이 스스로 전파되면서 빛 에너지를 실어 나르는 파동이야. 그런데 빛은 에너지를 알갱이처럼 운반해. 즉 빛은 에너지를 나르는 작은 입자들로 구성되어 있다는 거야. 이게 무슨 뚱딴지 같은 소리냐고? 이해가 되지 않는 게 너무 당연해. 빛은 파동이라고 해 놓고 이번에는 알갱이라니. 파동이란 특정 위치에 고정되어 있는 것이 아니라 퍼져서 전파되는 현상인데, 알갱이는 입자잖아. 그러니 빛은 특정한 위치를 차지하고 있다는 뜻인가? 모순처럼 들리겠지만 이것이 현대물리학이 우리에게 알려 주는 엄연한 사실이야. 빛은 때로는 파동처럼, 때로는 입자처럼 행동한다는 거지.

이처럼 빛이 파동의 성질과 입자의 성질을 같이 가지고 있는 것을 '빛의 이중성'이라고 해. 빛 입자는 특별히 **빛알** 혹은 **광자**(photon)라고 불러. 빛 알갱이라는 뜻이지. 빛알 하나하나가 나르는 에너지는 알갱이와 같이 불연속적으로 전달돼. 이렇게 비유를 하면 좋을 것 같아. 운동장에서 바람을 맞으며 달려가는 순간을 떠올려 봐. 달리면 바람이 얼굴에 부딪힐 거야. 바람은 사실 공기 분자들의 흐름이야. 하지만 분자 하나하나의 충돌을 느끼지는 못하잖아? 얼굴에 부딪히는 건 공기 분자 하나하나겠지만 우린 바람이 연속적으로 부드럽게 얼굴에 부딪힌다고 생각하지. 분자 하나의 충돌은 너무나 미미해서 감지하는 게 불가능하기 때문이야. 빛도 마찬가지야. 따뜻한 봄날, 얼굴에 쏟아지는 햇빛을 모래알이 쏟아지듯이 개별적으로 느끼지 않지. 빛알 하나가 나르는 에너지가 너무나 작기 때문에 절대 느낄 수가 없는 거야. 그냥 부드러운 햇살의 따뜻함으로만 빛 에너지를 느끼는 거지. 빛알 하나의 에너지는 매우 민감한 검출기를 동원해야만 측정할 수 있어.

　빛을 알기 위해 지금까지 파동이 무엇인지 알아보았어. 감이 좀 오니? 파동은 어딘가에서 생긴 진동이 공간 속에서 반복되는 형태를 이루며 퍼져 나가는 현상이야. 시간이 흘러도 규칙적으로 진동하는 모습을 보이지. 그래서 진동수와 파장에 따라 구분할 수 있다는 이야기도 했고. 소리와 파도처럼 우리 생활을 이루는 익숙한 현상이 파동이라는 점도 확인했어. 그중 빛은 가장 기묘한 파동이야. 파동이면서도 입자로서 행동하니까. 이런 이중성이 빛의 본질이면서 과학자들이 그토록 빛을 연구하고 다양한 기술에 응용하려는 이유기도 하지.

　다음 장에서는 빛이 가지고 있는 다양한 모습을 살펴볼 거야. 기대해도 좋아!

보이는 빛 너머 보이지 않는 빛

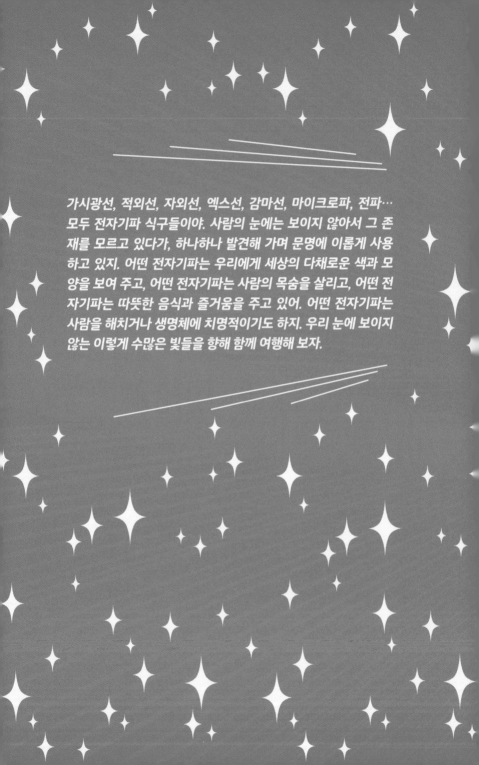

가시광선, 적외선, 자외선, 엑스선, 감마선, 마이크로파, 전파…
모두 전자기파 식구들이야. 사람의 눈에는 보이지 않아서 그 존
재를 모르고 있다가, 하나하나 발견해 가며 문명에 이롭게 사용
하고 있지. 어떤 전자기파는 우리에게 세상의 다채로운 색과 모
양을 보여 주고, 어떤 전자기파는 사람의 목숨을 살리고, 어떤 전
자기파는 따뜻한 음식과 즐거움을 주고 있어. 어떤 전자기파는
사람을 해치거나 생명체에 치명적이기도 하지. 우리 눈에 보이지
않는 이렇게 수많은 빛들을 향해 함께 여행해 보자.

힘센 식구, 온순한 식구, 전자기파 식구들 ═══

전자기파는 네가 어디에 있건 그 공간을 지금도 가득 채우고 있어. 눈에 보이는 빛도 전자기파지만 휴대폰의 신호를 담은 라디오파, 블루투스˙나 와이파이˙˙ 신호, 인공위성이 보내오는 GPS 신호까지 모두 전자기파의 식구들이야. 지금부터 전자기파의 세계가 얼마나 다채롭고 풍부한 이야깃거리로 가득 차 있는지 알아보도록 하자.

앞에서 파동을 규정하는 가장 중요한 속성이 파장과 진동수라고 했지? 다음 페이지의 그림 2-1은 전자기파를 파장에 따라 구분하고 이름을 붙여 놓은, 말하자면 전자기파의 출석부 같은 거야. 이 그림은 전자기파의 파장 범위가 원자 크기보다 훨씬 작은 감마선부터 사람의 키나 빌딩 높이 정도로 큰 전파에 이르기까지, 엄청나게 광범위한 영역에 걸쳐 있다는 것을 생생히 보여 주고 있어.

그런데 이 그림에서 기준을 파장이 아닌 진동수로 삼으면 순서가 바뀌어. 파장이 길수록 진동수는 줄어들고 파장이 짧으면

● 블루투스(Bluetooth)는 근거리 무선통신 기술의 하나로 마우스와 컴퓨터, 이어폰과 휴대전화 등 다양한 기기들 사이의 통신을 담당하지.
●● 와이파이(WiFi)는 무선랜에 전자기기들을 연결할 수 있게 해 주는 기술을 의미해.

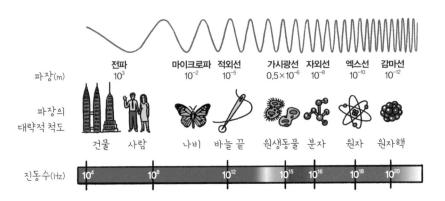

파장(m)	전파 10^3	마이크로파 10^{-2}	적외선 10^{-5}	가시광선 0.5×10^{-6}	자외선 10^{-8}	엑스선 10^{-10}	감마선 10^{-12}
파장의 대략적 척도	건물 사람		나비 바늘 끝	원생동물 분자		원자	원자핵
진동수(Hz)	10^4 10^8		10^{12}	10^{15} 10^{16}		10^{18}	10^{20}

2-1 전자기파들이 모여 있는 출석부를 만들어 보았어.

진동수는 증가하지.

참, 보통 전파와 전자기파를 같은 것이라 생각하기 쉬운데, 전파는 전자기파의 한 종류야. 전자기파에서 파장이 가장 긴 쪽, 사람 키보다 파장이 더 긴 영역을 전파라고 부르지. 이 둘을 혼동하지 않도록 주의하자.

전자기파는 눈에 보이는 빛과 눈에 보이지 않는 빛으로 나눌 수 있어. 눈에 보이는 빛은 알고들 있겠지만, '빨주노초파남보'로 분류하는 무지개 색깔의 가시광선이야. 즉, 가시광선은 우리 눈이 볼 수 있는 전자기파인 거지. 가시광선의 파장은 380~780나노미터(nm)*에 걸쳐 있어. 다시 그림 2-1로 돌아가 볼까? 전체 전자기파 영역에서 가시광선이 차지하는 부분이 얼마나 좁은지 보이지? 비유하자면 사하라 사막처럼 광대하게 펼쳐져 있는 전자기파의 세계 속에 가시광선이라는 작은 오아시스가 있는 거나 마찬가지야. 그렇다면 우리 눈에 보이는 가시광선이라는 오아시스 너머에는 어떤 전자기파가 있을까? 다시 말해서, 눈에 보이지 않는 빛에는 어떤 종류가 있을까? 얼마나 넓고 다양한 세계가 우리를 기다리고 있는지 알게 되면 깜짝 놀랄 거야.

본격적으로 탐험에 나서기에 앞서 다시 한 번 빛의 입자성에 대해 살펴보자. 문제 하나 내 볼게. 모든 전자기파의 빛알은 다 같은 양의 에너지를 갖고 있을까? 왠지 아닐 것 같지? 빛알의 에너지는 빛의 진동수가 클수록 그에 비례해서 커져. (그럼 파장에는 반비례하겠지?) 그림 2-1을 보면 더 잘 이해가 될 거야. 파장이 긴 전파일수록 빛알의 에너지는 작아지고, 자외선을 거쳐 엑스선, 감마선으로 갈수록 빛알의 에너지는 커져. 그래서 자외선과 엑스선, 감마선은 생물들에게 좋지 않은 영향을 미치

● 나노미터(nanometer)의 나노는 난쟁이를 뜻하는 그리스어 나노스(Nanos)에서 유래됐어. 1나노미터는 10억분의 1미터를 의미하고 기호로는 nm이라 하지. 나노 과학, 나노 기술은 나노미터 크기를 가진 물질이나 이를 이용한 소자들을 취급해.

지. 빛알을 우박에 비유해서 생각해 보면 쉬워. 파장이 긴 전자기파의 빛알은 크기가 작아서 피해를 주지 않는 우박이라면, 파장이 짧은 전자기파의 빛알은 크기가 너무 커서 생명체에 타격을 주는 우박인 거지. 에너지가 작은 빛알은 사람의 피부에 흡수되어 따뜻한 열에너지로 바뀔 수 있지만 에너지가 큰 빛알은 몸에 들어오면 신체 조직을 파괴하고 분해시켜 버릴 정도로 강력해. 그렇기 때문에 생명체의 입장에서는 태양에서 오는 짧은 파장의 자외선, 엑스선, 감마선이 치명적인 위협이 될 수 있는 거야. 하지만 크게 걱정하지 않아도 돼. 다행히도 지구를 감싸고 있는 대기층이 이 강력한 전자기파들을 흡수해서 우리를 보호하고 있으니까.

어때? 보이는 빛 너머에 보이지 않는 빛이 이렇게 많다니, 흥미가 생기지 않니? 지금부터 그 광대한 영역을 탐험해 보자.

보이는 빛, 가시광선 ═══

가시광선의 뜻은 눈으로 볼 수 있는 광선, 즉 '눈에 보이는 빛'이야. 사람의 눈은 빨주노초파남보로 이루어진 무지개 색만을 볼 수 있어. 햇빛이나 조명 빛처럼 무지개 색이 섞여 있는 빛은 우리 눈에 흰색으로 보이지. 그래서 이런 빛을 백색광이라 불러. 백색광을 프리즘*에 통과시키면 빨간색에서 보라색까지 아름다운 무지개 색으로 나누어져. 이 중 파장이 제일 긴 색은 빨간색인데 대략 600~780나노미터야. 어느 정도인지 감이 잘 안 오지? 780나노미터면 머리카락 지름의 100분의 1보다도 짧아. 가시광선 중 파장이 가장 짧은 색은 보라색인데 파장은 400나노미터 부근이야. 위의 사실을 정리해 보면 사람은 무지개 색의 빛만 볼 수 있는데, 이를 파장 범위로 표현하면 파장이 380~780나노미터 안에 있는 빛만 보이는 거지. 우리 눈에는 보이지 않지만, 그 바깥에 광대한 전자기파의 영토가 펼쳐져 있는 거고.

왜 사람은 그 넓은 전자기파의 영역 중에서 가시광선 대역만 볼 수 있도록 진화한 것일까? 이에 대해 완벽한 설명은 아직 나오지 않았어. 지금까지 나온 이론에 따르면 태양의 스펙트럼이 가시광선 대역에서 가장 높은 세기를 나타낸다는 사실과 관련된 것 같아. 스펙트럼이 뭐냐고? 스펙트럼이란 빛의 세기를 색깔별로, 더 정확히는 파장별로 줄 세워서 비교해 그린 그래프를 얘기해. 그래프 2-2에 태양의 스펙트럼을 개략적으로 그렸

●빛을 굴절시키고 분산시키기 위해 고안한 광학장치. 유리나 수정으로 만드는데 보통은 삼각기둥 모양이야.

으니 같이 살펴보자.

가로축은 파장이고 세로축은 각 파장별 빛의 세기야. 파장에 따라 빛의 세기가 달라지는 게 뚜렷하게 보이지? 가시광선 파장 영역 바깥쪽으로 자외선이나 적외선의 세기도 보여. 그래프에서 회색으로 표시한 부분이 대기권 밖에서 측정한 스펙트럼이야. 그런데 해발 0미터인 지상에서 측정한 빛의 세기는 대기

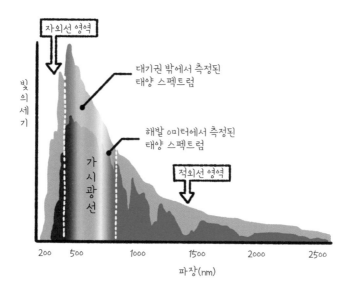

2-2 태양의 스펙트럼

권 밖에서 측정한 것보다 작아. 왜냐하면 공기층이 빛을 일부 흡수하기도 하고, 빛이 이리저리 공기와 부딪쳐 흩어지기도 하면서(이를 산란이라고 해) 에너지를 일부 잃거든. 어쨌든 두 경우 모두 가시광선에서 빛의 세기가 가장 강하다는 걸 알 수 있지. 태양은 다양한 전자기파를 방출하지만 인간의 눈은 태양의 스펙트럼이 최대가 되는 가시광선 영역만을 볼 수 있는 거야. 결국 사람은 햇빛의 스펙트럼 분포에 적응해 온 과정에서 가시광선만을 보도록 진화한 것이 아닌가 추측하고 있어.

어떤 면에서 인류 역사는 빛을 만들고 빛의 사용 범위를 확대해 온 과정이라고 볼 수도 있어. 처음에 인류는 불로부터 빛을 얻었지. 인류가 불을 획득했다는 데에는 추위를 이겨 낼 열, 즉 따뜻함을 얻었다는 의미도 있지만 맹수들의 습격에 시달리던 칠흑 같은 밤을 밝혀 줄 빛을 얻었다는 의미기도 해. 이후 인류는 끊임없이 자연의 빛을 대신해 어두운 밤도 밝힐 수 있는 인공 빛을 발명하고 개량해 왔어. 이를 통해 활동할 수 있는 시간을 획기적으로 늘렸지. 주위를 둘러봐. 아늑한 침실 조명부터 크리스마스 분위기를 돋우는 축제 조명까지, 수많은 조명등이 우리를 감싸고 있잖아. 이건 불과 200년 전만 해도 상상할 수 없는 일이었어. 현대인이 누리는 생활은 더 밝고 더 편안한 빛을 얻고자 노력한 인류가 거둔 소중한 성과인 셈이지.

인류가 만든 인공적인 빛은 이제 어둠을 몰아내는 역할을 넘어섰어. 손에 들고 있는 휴대폰, 혹은 거실에서 보는 텔레비전 등 다양한 디스플레이 화면은 풍부하고 유익한 정보를 담은 가시광선을 끊임없이 보내고 있지. 오늘날 우리에게 빛은 단순한 조명을 넘어 정보 전달 수단으로 바뀐 지 오래야.

빨간색 빛 너머의 빛 〓〓〓

이제는 눈에 보이는 빛 너머 눈에 보이지 않는 전자기파의 영역으로 발을 들여 보자. 가시광선 중 파장이 제일 긴 빨간색 너머에 있는 영역부터 적외선, 마이크로파, 전파를 순서대로 만나게 될 거야.

가시광선, 즉 눈에 보이는 빛 외에 보이지 않는 빛도 있다는 것을 알게 된 건 1800년이었어. 햇빛과 같은 백색광이 프리즘을 통과하면 무지개 색으로 분리된다고 앞에서 배웠지? 영국의 과학자인 윌리엄 허셜(William Herschel)은 그렇게 분리된 색깔들이 온도를 상승시키는 효과를 조사하다가 빨간색 바깥쪽, 즉 아무 색도 보이지 않는 곳에 둔 온도계의 눈금이 상승하는 현상을 발견했어. 당연히 깜짝 놀랐겠지? 보이지 않는 빛 하나가 최초로 인간에게 자신을 드러낸 순간이었지. 온도계의 눈금을 올린 존재의 정체는 바로 적외선(赤外線)이야. 빨간색을 뜻하는 적색(赤) 바깥(外)에 있는 광선이라는 뜻이지. 태양이 발산하는 전자기파 에너지의 절반 이상이 바로 적외선 에너지야. 이 적외선이 프리즘으로 분리된 무지개 색의 빨간색 바깥에 자리 잡고 있었던 거지.

대양만이 적외선을 빙출하는 건 아니야. 적외선을 내는 방출원은 생각보다 흔하지. 우리 주변에 있는 모든 물체가 적외선을 방출해. 도대체 무슨 얘기냐고? 일상생활에서 만나는 실온의 물체들은 많든 적든 적외선을 방출하는 특성이 있어. 온도가 올라갈수록 적외선 방출량도 많아지지. 적외선을 만드는 것은 물체를 구성하는 원자들의 떨림, 즉 움직임이거든.* 눈에는 보이지 않지만 실온에서 물체를 구성하는 원자들은 제자리를 중심으로 끊임없이 움직여. 스프링에 묶여 있는 공처럼 말이야. 이들이 진동하면서 적외선이 방출돼. 온도가 올라가면 원자들의 움직임이 활발해지면서 방출되는 적외선의 양도 많아지는 거야. 그래서 차가운 물체보다 온도가 높은 사람의 몸에

● 원자를 구성하는 원자핵과 전자는 전하를 띠고 있는데, 전하를 띤 물체는 진동하면서 전자기파를 방출해. 보통 섭씨 700도 이하의 물체에서는 적외선이 나오지만 이보다 온도가 올라가면 가시광선, 자외선을 방출하기도 해.

서 적외선이 더 많이 방출되고. 병원에 가면 체열 측정기라는 진단 장비가 있어. 사람의 몸에서 방출되는 적외선의 양과 분포를 측정하는 장비야. 몸의 어딘가에 염증이 생기면 그 부위에 열이 많이 나거든. 그러니까 거기서 방출되는 적외선의 양도 많아지겠지? 이렇게 적외선을 감지해서 체온의 분포를 측정하고 몸에 이상이 있는지 진단할 수 있는 거야. 비슷한 원리를 이용한 군사용 적외선 감지기도 있어. 이것은 적의 탱크나 비행기 엔진에서 방출되는 열 분포를 정확히 측정할 수 있기 때문에, 적의 무기를 빨리 탐지하고 파괴하는 데 필수적이지.

자, 빛 너머로 조금 더 발을 내디뎌 보자. 적외선 너머에서 기다리고 있는 전자기파는 마이크로파야. 어디서 들어 본 적이 있지 않니? 흔히 전자레인지라 부르는 조리 기구를 영어로는 뭐라고 하게? 마이크로웨이브 오븐(microwave oven)이라고 하지! 마이크로파에서 따온 이름이야. 웨이브(wave)는 파동이고 마이크로(micro)는 원래 100만분의 1을 의미하지만 여기서는 그냥 '작다'는 의미로 붙인 거지. 마이크로파의 파장은 거칠게 얘기하자면 손톱이나 나비 정도의 길이야. 전자레인지의 영어 이름은 마이크로파라는 전자기 파동이 음식을 데워 준다는 뜻을 담고 있어. 전자레인지 속에서 발생하는 마이크로파의 진동수는 무려 초당 25억 4000만° 번 정도나 돼. 1초에 전기장이 엄청나게 진동한다는 뜻이야. 재미있게도 물 분자는 마이크로파에 장단을 맞추면서 그 에너지를 흡수해. 에너지를 흡수한 음식 속 물 분자들은 격렬히 몸을 흔들면서 음식을 이루는 다른 성분들과 충돌하며 열을 만들어 내지. 마이크로파의 진동을 이용해 음식, 정확히는 음식 속의 수분을 데우는 거야. 이게 전자레인지의 원리야.

마이크로파는 다른 분야에서도 굉장히 유용하지. 일상에서 없어서는 안 될 기술이 되어 버린 GPS 시스템만 해도 그래. GPS는 지구 주위를 도는 24대의 위성으로부터 신호를 수신해 지구상에 있는 대상의 위치를 파악하는 시스템이야. 위치를 정확히 알기 위해서는 최소한 4대의 인공위성으로부터 신호를 받아야 하는데 이때 사용하는 전자기파의 진동수가 바로 마이크로파 영역이란다. 와이파이나 블루투스 같은 근거리 무선통신망이나 휴대폰의 신호 역시 마이크로파와 비슷한 진동수 대역의 전자기파를 사용하고 있지. 우리가 생활하는 공간에는 온갖 정보를 실어 나르는 마이크로파가 끊임없이 돌아다니고 있다고 할 수 있어.

●이를 2.54GHz라고도 표현할 수 있어. GHz는 '기가헤르츠'라고 읽는데 1기가헤르츠는 초당 10억 번 진동하는 걸 의미해.

자, 이제 드디어 전자기파 스펙트럼의 한쪽 끝에 도달했어. 여기는 전파가 존재하는 곳이야. 전파는 전자기파 중에서도 파장이 제일 길어서 사람 키 정도부터 고층빌딩보다 훨씬 긴 것도 있어. 이렇게 파장이 큰 전자기파는 어지간한 장애물은 그냥 통과해 버리지. 그런 성질을 가진 전파는 당연히 통신에 유리하겠지? 그래서 이렇게 파장이 긴 전자기파는 전통적으로 방송통신용 전파로 사용되었어. 지구 궤도를 도는 위성이나 다른 행성들을 탐사하는 우주선들과의 통신에도 당연히 전파를 사용하고 있고. 전파 신호는 우주에 떠도는 성간 물질*이나 먼지도 잘 통과하지. 그래서 은하 중심부나 블랙홀에서 발생하는 전파를 거대한 전파망원경으로 측정해 분석하는 전파천문학이라는 분야도 있어.

보이저(Voyager)호라는 탐사선 얘기 들어 본 적 있니? 보이저호는 1977년에 미국에서 발사한 두 탐사선 이름이야. 이들은 지구 너머의 목성, 토성 등 외행성들을 탐사한 후에 지금은 태양계 경계를 벗어나 먼 우주로 날아가고 있어. 놀랍게도 빛의 속도로 대략 20시간이나 걸릴 정도로 먼 거리에 있는 보이저호

---

* 별과 별 사이 공간을 차지하고 있는 물질이야. 주로 성간 가스나 티끌로 이루어져 있어.

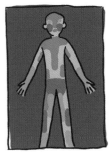

적외선 체열 측정기로 보면
사람의 몸은 이렇게 알록달록!

전자레인지를 쓸 때 이렇게 말
할 수도 있지. "물 분자를 흔들
어서 음식을 데웠다!"

푸에르토리코에 있는 아레시보 전파망원경. 출처: www.naic.edu

와 지금도 통신을 유지하고 있어. 바로 전파를 이용해서 말이야. 이처럼 전파는 지구에서 멀리 떨어진 심우주˚에 있는 탐사선과의 통신에서 핵심적인 역할을 하고 있지.

보라색 빛 너머의 빛 ≡≡≡

이번에는 빨간색 반대편에 있는 보라색, 가시광선 중에 파장이 제일 짧은 빛 너머로 여행을 해 볼까? 여기는 파장이 점점 짧아지는 만큼 전자기파의 에너지를 나르는 빛알 하나하나의 에너지가 매우 높아지니까 무척 조심해야 해.

보라색을 벗어나자마자 만나는 전자기파는 자외선(紫外線)이야. 보라색을 뜻하는 자색(紫) 바깥(外)에 존재하는 광선이라는 뜻이지. 자외선을 발견한 배경도 적외선과 비슷해. 허셜이 적외선을 발견했다는 소식을 들은 독일의 과학자 요한 리터(Johan Ritter)는 프리즘으로 나눠진 무지개 색 중 보라색 바깥쪽을 연구해 보기로 마음먹었지. 빛을 받으면 검게 변하는 염화은(AgCl)이라는 물질이 있는데, 일단 빨간색보다 보라색 빛에

●지구에서 달까지의 거리와 같거나 더 먼 곳에 있는 우주 공간.

더 잘 반응한다는 걸 확인했어. 그다음 염화은을 보라색 바깥의 아무 색이 없는 영역에 두었더니, 반응이 더 강하다는 걸 발견했지. 리터는 이 보이지 않는 빛을 "화학적 빛"이라고 불렀지만 오늘날 우리는 그게 자외선이라는 걸 알고 있지.

자외선은 인체에 미치는 영향에 따라 UV-A, UV-B, UV-C로 구분해. UV는 자외선을 뜻하는 영어 단어 'ultraviolet'의 약자야. UV-A는 파장이 제일 긴데, 상대적으로 인체에 무해하기 때문에 피부를 인위적으로 태우는 선탠(suntan)에 사용해. UV-B는 UV-A보다 에너지가 높아서 여름철에 화상을 일으키는 원인이고, 눈의 백내장이나 피부암을 일으키기도 해. 다행인 건 지구의 대기권이 태양에서 오는 UV-B를 대부분 차단하기 때문에 약 10퍼센트 정도만 지면으로 내려온다는 사실이야. 파장이 더 짧은 UV-C는 빛알의 에너지가 더욱 세겠지? UV-C는 생명체에는 치명적이지만 대기권이 태양에서 오는 UV-C를 완벽히 차단하기 때문에 염려할 필요는 전혀 없어. 하지만 살균력이 매우 높아서 일상생활에 유용하게 사용하는 경우가 있지. 식당에 가면 컵을 넣은 살균기가 있지? 살균기 문을 열고 위를 보면 형광등과 비슷한 전등이 달려 있을 거야. 그 등이 바로 자외선을 방출하는 수은등이야. 거기서 나오는 UV-C가 컵이나 그릇에 붙어 있는 세균을 제거하지. 이렇게 UV-C를 인

위적으로 만드는 등을 개발해서 각종 살균 장치에 이용하고 있
어.

자외선 너머는 많이 들어 봤음직한 엑스선의 영역이야. 병원
에서 찍는 엑스레이, 즉 엑스선 촬영에 사용하는 전자기파지.
엑스선을 처음으로 발견한 사람은 1901년에 역사상 첫 번째로
노벨물리학상을 수상한 독일의 과학자 빌헬름 뢴트겐(Wilhelm
Röntgen)이야. 뢴트겐은 19세기 말에 실험을 하다가 정체를 알
수 없는 광선을 발견하고는, 정체를 모른다는 뜻에서 엑스선이
라고 이름 붙였어. 그리고 이 광선이 물체를 통과하는 성질이
있다는 걸 알아냈지. 그가 부인의 손에 엑스선을 쪼여 찍은 사
진은 역사적으로 굉장히 유명해. (2-3의 오른쪽 사진) 엑스선은
밀도가 높은 뼈는 잘 투과하지 못하고 상대적으로 밀도가 낮은
신체의 나머지 부위는 잘 투과하기 때문에 뼈의 모양을 뚜렷이
확인할 수 있거든. 뢴트겐이 인류 역사상 최초로 사람 몸속에
있는 뼈의 구조를 해부하지 않고도 드러낸 거야. 이것이 얼마
나 큰 의학적 의미를 갖는지 상상이 가니? 방사성 원소 연구로
유명한 퀴리 부인은 차량에 탑재할 수 있는 엑스선 촬영 장비를
개발해서 제1차 세계대전 중에 수많은 부상병을 살려 냈어. 그
전에는 환부를 절개해야만 총알이 어디 박혀 있는지, 뼈의 어
느 부위가 어떻게 부러졌는지 알 수 있었기 때문에 수술에 위험

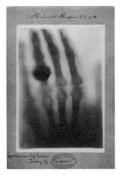

2-3 왼쪽은 자외선을 이용한 선탠 장치. 오른쪽은 뢴트겐 부인의 손을 찍은 엑스선 사진이야. 손가락에 반지도 보이지?

성이 컸고 생존율도 낮았지. 하지만 엑스선 촬영 덕분에 치료에서 정확성이 커진 거야. 지금도 우리는 뼈에 이상이 생기면 엑스선 촬영부터 하지.

엑스선이 위력을 발휘하는 영역은 의학 분야만이 아니야. 물질의 구조를 파악하는 과학자들의 연구에서도 엑스선은 필수적인 수단이 됐지. 길이가 대략 5밀리미터인 벌레의 몸길이를 정확히 측정한다고 해 보자. 그러자면 최소 눈금이 1밀리미터로 표기된 자가 있어야겠지? 최소 눈금이 0.1밀리미터라면 벌레의 길이를 더 정확히 잴 수 있을 거고. 마찬가지로 원자로 이루어진 물질의 구조를 알려면 거기에 맞는 수단이 필요한데, 엑스선이 바로 그런 수단이 되었어.

고체 속 원자와 원자 사이의 간격은 너무나 좁아서 보통 100억분의 1미터 정도에 불과해. 나노미터로 따지면 10분의 1나노미터 정도에 불과하지. 따라서 물질 속 원자 구조를 파악하기 위해서는 원자 간격과 비슷한 파장을 가진 전자기파가 필요했어. 과학자들은 특정 물질에 엑스선을 쪼이고 나서 사방으로 산란되는 엑스선의 패턴을 분석해서 물질 속 원자들의 배치와 간격을 정확히 측정할 수 있지. 이 방법이 큰 힘을 발휘한 역사적인 사례가 있어. 바로 생명체의 유전 정보를 담고 있는 DNA의 구조를 해명한 경우야. DNA의 이중나선 구조가 엑스선 구조 분석을 통해 밝혀지면서 분자생물학 분야가 크게 발전했지.

자, 이번 여행의 거의 끝에 다다랐어. 엑스선을 넘어서면 감마선이 우리를 기다리고 있어. 감마선은 에너지가 가장 큰 전자기파야. 불안정한 핵*이 붕괴될 때 만들어지기도 하고 핵폭발이 일어날 때 막대한 양이 발생하여 생명을 살상하지. 그래서 미국과 옛 소련 사이에 긴장감이 심했던 냉전시대에는 상대국의 핵 활동을 감시하기 위해 감마선을 측정하는 감시 위성들을 지구 궤도에 올렸다고 해. 우주에서는 초신성 폭발**이나 블랙홀*** 주변처럼 상상할 수 없을 정도로 큰 에너지가 관련된 천문 현상에서 감마선이 방출되곤 해. 감마선을 측정하는 망원경으로 이런 천문 현상을 연구할 수 있지. 이처럼 전자기파는 매우 넓은 범위에 걸쳐서 다양한 모습으로 자신을 드러내고 있어.

숨가쁜 여행을 하면서 처음 들어 본 용어도 많았을 것 같아. 괜찮아. 한 번에 다 기억하려고 하지 않아도 돼. 그렇지만 한 가지는 기억하자. 오늘날 정보통신을 중심으로 한 현대 문명은 전자기파에 큰 빚을 지고 있다는 사실! 다양한 전자기파를 활용할 줄 몰랐다면, 현재 우리가 누리는 문명사회는 건설할 수 없었을 거야. 그만큼 전자기파를 제대로 알고 이해하려는 노력이 중요하다는 거지. 이에 대한 지혜가 쌓일수록 우리는 현대 정보통신 문명을 더 잘 이해하고, 더 잘 활용할 수 있을 거야.

● 원자는 가운데 원자핵과 주변을 도는 전자로 이루어져 있는데, 원자 번호가 높은 무거운 원자들 중 핵이 안정하지 못해 자연스럽게 붕괴되는 경우가 있어. 그 과정에서 방사선이 나오지.
●● 태양보다 몇 배 이상 큰 별들이 핵융합을 멈추고 수축되는 단계에서 일으키는 거대한 폭발을 의미해. 별의 죽음이라고 표현하기도 해.
●●● 매우 무거운 별이 수명을 다하고 중력으로 붕괴를 일으키면서 형성되는데 중력이 너무 강해 빛조차도 탈출할 수 없는 천체를 말해.

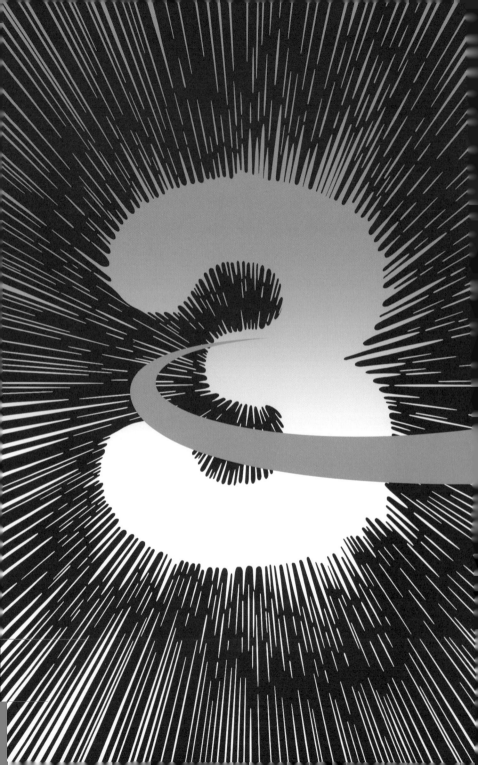

직진하는 빛, 반사하는 빛, 꺾이는 빛

지난 장에서는 다양한 전자기파의 종류와 특성을 살펴봤어. 이들 각각은 매우 다른 모습으로 자신들을 드러내지만, 모두 전기장과 자기장이 진동하면서 동일한 속도(진공에서 초속 30만 킬로미터)로 날아간다는 점은 같아. 이제 이들이 물질과 만났을 때 어떻게 행동하는지, 그 방식을 가시광선을 중심으로 살펴보자.

빛은 직진한다, 하지만 반사도 하지

빛의 성질 하면 가장 먼저 구부러지지 않고 직진한다는 성질이 떠올라. 레이저 포인터로 어딘가를 비추면 광선이 똑바로 날아가 부딪치지. 햇빛이 구름 사이로 쏟아져 내리는 모습을 본 적 있니? 부챗살 모양으로 빛이 넓게 퍼지지? 그건 햇빛이 직진해 나오기 때문이야. 직진하는 햇빛이 원근법 때문에 부챗살 모양으로 보이는 거지. 만화나 SF영화에 흔히 나오는 광선무기들도 직진하며 뻗는 빔으로 표현하지. 그런데 앞에서 빛은 파동이라고 했잖아. 파동에는 무언가 진동하는 움직임이 있다고 했고. 그런데도 빛은 무조건 직진만 할까? 밤하늘에 레이저 빔을 쏘면 그 빔은 끝도 없이 직선으로 뻗어나갈까?

파동은 진행할수록 퍼져 나가는 특성이 있어. 아무리 직진성이 강한 레이저 빔이라 하더라도 진행할수록 점점 더 퍼져서 지름이 커질 수밖에 없지. 이처럼 파동이 퍼지는 특성을 에돌이, 혹은 회절이라고 하는데, 이에 대해서는 다음 장에서 자세히 설명할게.

빛이 직진하지 않는 다른 사례도 있어. 레이저 포인터에서 나오는 광선을 컵에 담긴 잔잔한 물의 표면에 비춰 봐. (이때 옆에 있는 사람의 눈을 향해 쏘지 않도록 조심하자.) 그러면 레이저 빔의 일부가 표면에서 반사되어 나오고 나머지는 물속으로 들어간다는 걸 쉽게 확인할 수 있어. 즉, 빛의 일부는 반사되고 일부는 투과되는 거지.

우선 반사되는 빛을 살펴보자. 연못 밖에서 고개를 기울여 연못의 물을 수직으로 바라보면 뭐가 보일까? 물을 쳐다보고 있는 자신의 얼굴이 보이겠지? 얼굴에서 떠난 빛, 즉 얼굴에 부딪힌 햇빛이나 조명광의 일부가 반사되어 물을 향해 내려가고 그 빛 중 일부가 다시 물의 표면에서 반사되어 우리 눈에 들어오는 거야. 거울로 얼굴을 보는 것도 정확히 같은 맥락이지. 이처럼 매끈한 표면에서 빛이 반사할 때는 **반사의 법칙**이라는 규칙을 따라.

그림 3-1을 보자. 공기와 물의 경계면에 수직으로 그은 점선이 보이지? 이 선을 **법선**이라고 불러. 경계면에 입사*하는 광선과 반사하는 광선은 법선과 일정한 각도를 이루는데 이를 각각 입사각과 반사각이라 하지. 실험을 해 보면 **매끈한 표면에서는 입사각과 반사각이 정확히 같아.** 이게 반사의 법칙이야. 하지만 이 법칙은 표면이 매끄러운 경우에만 성립이 돼. 만약 바람이 불어 물결이 일면 어떻게 될까? 여기에 레이저 빔을 쏘

● 소리나 빛의 파동이 진행하다가 다른 매질의 경계면에 닿는 것을 가리키는 말이야.

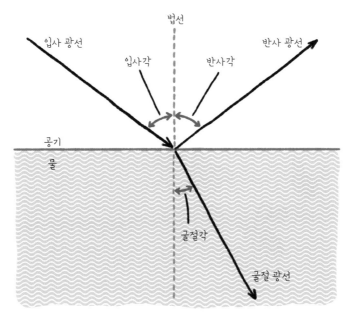

법선

입사 광선

입사각

반사각

반사 광선

공기

물

굴절각

굴절 광선

3-1 공기와 물의 경계면에서 반사되고 굴절되는 빛.

면, 빛의 각도가 물결의 일렁임에 따라 이리저리 흔들리겠지?
비슷한 현상을 흰색 페인트나 종이로도 확인할 수 있어. 종이
에 레이저 빔을 쏘았을 때 반사되는 빛은 한 방향으로만 진행하
지 않고 모든 방향으로 퍼져. 종이 표면이 매우 거칠기 때문이
지. 이런 반사를 확산 반사라고 불러.

이미지는 어떻게 눈으로 들어올까

반사의 법칙을 이해하면 우리가 어떻게 거울 속에 맺히는 이미지들을 볼 수 있는지 알 수 있을 거야.

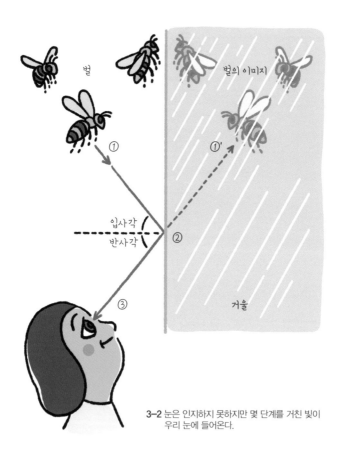

3-2 눈은 인지하지 못하지만 몇 단계를 거친 빛이 우리 눈에 들어온다.

그림 3-2를 보자. 벌이 거울 앞에서 날고 있다고 상상해 봐. 나와 벌 사이에는 가로로 칸막이가 있어서 벌을 직접 보지는 못한다고 치자. 그래도 거울 속에서 날고 있는 벌이 보이겠지? 그건 ①칸막이 건너편에서 날고 있는 벌의 몸을 출발한 빛이 ② 거울의 표면에서 반사의 법칙에 따라 반사한 후에 ③내 눈에 들어오기 때문이야. 벌에 대한 정보를 가지고 출발한 빛이 내 눈에 들어오니 난 벌을 볼 수 있지. 여기서 명심할 것이 있어. 사람은 심리적으로 항상 빛이 직진해 들어온다고 느낀다는 거지. 다시 말하면 벌에서 출발한 빛이 중간에 반사되고 꺾여 내 눈에 들어오는 걸 그대로 확인할 수는 없다는 거야. 빛이 직진해 들어온다고 느끼기 때문에 내 눈에 들어온 빛과 일직선상에 벌이 보인다고 느끼지. 즉, ①, ②, ③처럼 실제로 빛이 진행하는 과정을 인지하지 못하고, ①´, ②, ③의 경로로 빛이 온다고 느끼는 거야. 이렇게 실제 물체가 거울 속에 맺히면 이를 **상**, 혹은 **이미지**라고 불러.

　그렇다면 모든 물체가 빛을 반사할까? 빛을 완벽히 흡수하는 이상적인 검정 물체가 아니라면 빛은 물체의 표면에서 극히 일부라도 반사돼. 투명하게 보이는 물질도 마찬가지야. 유리창을 예로 들어 보자. 공기에서 유리 앞면에 수직으로 입사하는 빛은 약 4퍼센트 정도 반사돼. 그런데 유리는 뒷면도 있으니 거기서도 4퍼센트 정도가 반사되지. 따라서 유리창에 수직으로 입사하는 빛의 8퍼센트 정도가 앞뒤에서 반사되고 92퍼센트는 투과되는 거야. 8퍼센트밖에 반사되지 않으므로 유리창에서 반사된 나의 이미지를 보면 거울을 볼 때처럼 또렷하지 않고 희미하지. 반면에 거울은 입사된 빛의 80퍼센트 이상이 반사되기 때문에 이미지가 뚜렷이 보이고.

A4 용지도 다른 방식으로 반사하는 좋은 예가 되겠다. 흰색 물체는 반사도가 매우 높아서 대부분의 빛을 반사하고 아주 일부만 흡수해. 그런데도 종이를 거울로 쓰지 못하는 이유는 반사된 빛이 사방팔방으로 퍼져 버리기 때문이야. 반사된 빛이 내 눈에 들어와야 이미지를 인식하는데 물체에서 출발한 빛이 종이 표면에서 흩어져 버리니 그 물체가 제대로 보일 리 없지.

꺾이는 빛 =====

이번엔 물의 표면을 뚫고 투과해 들어가는 빛을 생각해 보자. 빛은 서로 다른 두 물질이 만나는 경계면, 가령 공기와 물의 경계에 도달하면 방향을 바꾸면서 꺾이는 성질을 갖고 있어. 이를 **빛의 굴절** 현상이라고 부르지. 다시 63페이지의 그림 3-1을 보자. 입사각처럼 법선을 기준으로 굴절각이 표시되어 있지? 공기에서 물로 입사할 때는 굴절각이 입사각보다 작아져.
즉, 굴절되는 광선은 법선 쪽으로 더 가까이 꺾이지. 재미있는
건 물질에 따라 꺾이는 각도가 다르다는 거야. 공기에서 경계
면을 향해 똑같은 입사각으로 빛을 쏘아 주더라도 물보다는 유
리, 유리보다는 다이아몬드 속에서 빛이 꺾이는 정도가 더 커.
이렇게 물질에 따라 빛이 굴절하는 정도가 다른데, 물질의 이
런 특징을 **굴절률**이라고 해. 아래 표를 보면 몇 가지 물질의 굴
절률을 알 수 있어.

물질의 굴절률

물질	굴절률
진공	1
공기	1.0003
얼음	1.31
물	1.33
유리	1.5 내외
다이아몬드	2.42 내외

물은 1.33, 유리는 약 1.5, 다이아몬드는 약 2.42라고 되어 있지? 굴절률이 큰 물질일수록 빛이 같은 각도로 입사하더라도 굴절각이 작아지면서 법선 쪽으로 많이 꺾여. 보통 원자들이 치밀하고 단단하게 뭉쳐 있는 고체는 굴절률이 높고 액체, 기체로 갈수록 원자들이 더 성기니 굴절률이 작아진다는 걸 알 수 있지.

굴절률은 단순히 빛이 꺾이는 정도만을 결정하는 데 그치지 않아. 굴절률이 물질을 규정하는 중요한 성질 중 하나라고 했지? 왜냐하면 굴절률에 따라 빛의 속도가 달라지기 때문이야. 빛의 속도, 즉 광속은 불변이 아니냐고? 그 말도 맞아. 단 '우주 공간처럼 아무것도 없는 진공에서 날아갈 경우'라는 단서가 붙지. 앞에서도 얘기했듯이 빛은 진공에서 1초에 약 30만 킬로미터, 정확히 얘기하면 1초에 299,792,458미터를 날아가. 하지만 빛이 물질을 통과하는 경우에는 굴절률이 클수록 속도가 느려지지.

더 정확히 물질 속에서의 빛의 속도를 구할 수도 있어. 진공 중의 광속을 굴절률로 나눠 주는 거야. 가령 유리를 통과하는 빛의 속도는 진공 중의 광속을 유리의 굴절률인 1.5로 나누면 구할 수 있어. 그럼 대략 초속 20만 킬로미터지? 즉, 유리 속에서는 진공 중 광속에 비해 빛의 속도가 3분의 2 정도로 느려지는 거야.

그렇다면 빛은 왜 물질 속에서 속도가 느려지는 걸까? 이건 사실 굉장히 어려운 질문이야. 그래도 최대한 쉽게 설명해 볼게. 유리 같은 물질은 셀 수 없을 정도로 많은 원자로 구성이 되어 있어. 이건 알고 있지? 빛이 투명한 유리를 그냥 통과하는 것처럼 보일 수도 있지만, 실제로는 그렇지 않아. 유리에 들어간 빛은 그 속에 있는 원자들과 만나고, 그 원자들과 영향을 주고받으면서 통과하거든. 이렇게 비유를 해 보면 어떨까? 텅 빈 운동장을 전속력으로 달리는 아이가 있다고 하자. 그래서 100미터를 12초에 주파했어. 그런데 만약 운동장에 전교생이 나와서 놀고 있으면 어떨까? 친구들과 부딪치거나 피해서 달려야 하니 속도가 당연히 느려지겠지? 이건 물리적으로 정확한 설명은 아니야. 여기서는 단지 빛이 물질을 통과할 때 물질을 구성하는 원자들과 서로 영향을 미치며 느리게 지나가는 상황을 거칠게 비유한 거라고 생각해 줘.

물속 물체는 왜 휘어 보일까

만약 물이나 유리처럼 굴절률이 높은 물질 속에서 공기처럼 굴절률이 낮은 물질로 빛을 쏘면 어떻게 보일까? 그리고 반대의 경우와는 어떻게 다를까? 굴절률이 큰 매질에서 작은 매질로 빛이 진행할 때는 법선으로부터 멀어지는 방향으로 빛이 꺾여. 공기에서 물로 들어올 때 밟았던 궤적 그대로 돌아 나가는 거지. 입사각에 비해 굴절각이 더 커지는 거야.

이걸 그림 3-3으로 설명해 볼게. 연필을 물이 들어 있는 그릇에 반 정도 담그고 나서 약간 경사진 각도로 바라보면 연필이 휘어 보일 거야. 우리가 물속의 연필을 볼 수 있다는 건 연필에서 출발한 빛이 우리 눈에 들어온다는 거지. 이때 연필의 끝을 표시한 1번 위치에서 광선이 출발했을 거야. 이 빛은 물을 탈출할 때 입사각보다 굴절각이 커지면서 그림처럼 물 표면 쪽으로

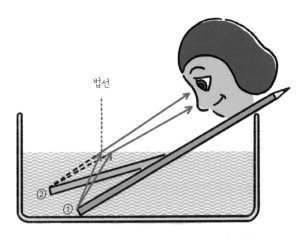

3-3 물속의 연필이 휘어 보이는 이유.

더 누운 상태로 꺾여 우리 눈에 들어와. 그런데 앞에서도 언급했지만 사람은 심리적으로 빛이 항상 직진해서 들어온다고 느끼지. 즉, 눈에 들어오는 광선을 물속까지 직선으로 연장한 점선 방향으로부터 빛이 오고 있다고 느끼는 거지. 그래서 연필 끝이 ①번 위치가 아니라 ②번의 위치에 있는 것처럼 보이는 거야. 물 밖에 나와 있는 부분은 세대로 보이고 물속에 잠긴 부분은 실제보다 더 떠 있는 걸로 보이니 양쪽을 동시에 보면 연필이 구부러져 보이는 거지.

강이나 시내에 놀러 가서 물속에 있는 돌멩이나 물고기를 잡으려고 했는데, 생각보다 더 깊이 있어서 헛손질을 한 적이 있지 않니? 그것도 물속 연필이 실제보다 위로 떠 있어 보이는 것과 같은 현상 때문이야. 그렇기 때문에 물가에서 놀 때는 눈에 보이는 대로 믿으면 안 돼. 물속 물체들이 놓인 실제 깊이를 반드시 가늠한 후 물에 들어가야 큰 사고를 피할 수 있어.

무지개 색을 만드는 빛의 굴절

빛의 굴절에 대해 알아보았으니 드디어 무지개의 비밀에 한 발 다가갈 수 있게 되었구나. 혹시 실제로 무지개를 본 적이 있니? 그때 날씨는 어땠어? 무지개는 비 온 뒤에 관찰할 수 있었지? 그래, 소나기가 내리고 난 후 대기 중에 큰 물방울이 둥둥 떠 있을 때 무지개를 볼 수 있었을 거야. 공중에 떠 있는 물방울들 하나하나가 프리즘 역할을 하는 거지. 그래서 무지개에 대한 이야기를 하려면 프리즘에 대한 설명으로 시작을 하는 게 자연스러워.

그림 3-4를 살펴보자. 삼각 기둥 프리즘의 한 면에 햇빛과 같은 백색광을 비스듬히 쏘면, 들어갈 때 한 번 굴절하고 프리즘에서 빠져나오면서 한 번 더 굴절하겠지? 그 과정에서 빛은 무지개 색으로 나뉘어. 그림처럼 빨간색이 가장 적게 굴절되어 위쪽에 자리 잡고 보라색이 가장 많이 꺾이며 아래에 자리를 잡지. 그렇다면 프리즘은 어떤 원리로 백색광을 무지개 색으로 나누는 것일까? 프리즘은 보통 투명한 유리로 만들어. 빛을 굴절시키는 물질의 성질을 굴절률로 표현한다고 이야기했지? 굴절률이 클수록 굴절이 더 많이 일어난다는 것도 설명했고 말이야. 만약 백색광을 이루는 모든 색깔의 굴절률이 유리에서 똑같다면 전부 같은 각도로 굴절할 테니 색깔별로 나뉠 이유가 없지. 바꿔 말하면, 빛의 색깔에 따라 유리에서 굴절하는 정도가 조금씩 다르기 때문에 색깔별로 나뉘는 거야. 가장 적게 굴절되는 빨간색에 대한 유리의 굴절률이 제일 작고, 보라색에 대한 굴절률이 제일 크지. 유리뿐이 아니야. 플라스틱, 물이나 얼

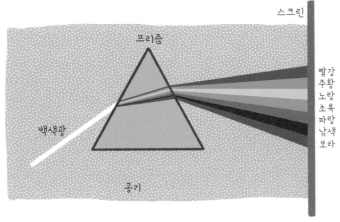

3-4 프리즘에 빛을 쏘았을 때 빛이 색깔별로 갈라져 나오는 모양.

음, 심지어는 공기의 굴절률조차도 빛의 색깔, 즉 파장에 따라 조금씩 달라지지. 이런 물질의 특성을 빛이 퍼진다는 의미에서 **분산**이라고 해. 물질이 가지는 분산이라는 특성 덕분에 우리는 프리즘을 이용해 빛을 색깔별로 분류할 수 있는 거지. 67쪽에 소개했던 표에 나와 있는 굴절률 수치는 보통 초록이나 노랑 빛에 대한 굴절률을 대표 값으로 적은 거야.

그런데 자연에는 인위적으로 만들지 않은 천연의 프리즘이 있어. 가장 대표적인 게 소나기가 내린 후 대기를 채우는 물방울들이야. 물방울이 어떻게 황홀할 정도로 아름다운 무지개를 만드는지 그림 3-5로 설명해 볼게.

무지개를 보기 위해서는 우선 해를 등지고 서야 해. 그림처럼 햇빛이 물방울에 의해 반사되면서 눈에 들어와야 무지개를 볼 수 있으니까. 물방울의 위쪽에 들어가는 빛의 궤적을 따라가 보자. 물방울에 들어가는 순간 햇빛은 약간 굴절되면서 무지개 색으로 나눠질 거야. 물의 굴절률도 색깔에 따라 조금씩 달라지기 때문이지. 물방울의 뒷면에서 반사된 빛은 아래쪽 면을 통해 공기로 빠져나오면서 다시 빛의 색깔에 따라 퍼져. 가장 크게 굴절되는 보라색이 제일 많이 꺾여 나오고 빨간색이 가장 덜 굴절되어 빠져나오는 모습이 보이지? 그림만 보면 무지

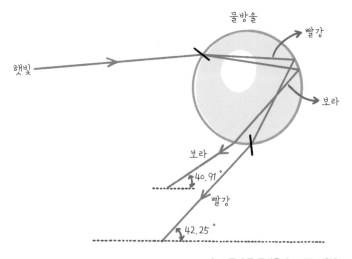

3-5 공기 중 물방울이 프리즘 역할을!

개 아래쪽이 빨간색, 위가 보라색이어야 할 것 같지만, 실제로
는 그렇지 않아. 우리가 무지개의 색깔을 인식하는 건 위치가
아니라 방향이야. 즉, 각 색깔이 어떤 각도로 우리 눈에 들어오
는가가 실제 무지개의 색깔 순서를 결정하는 거지.

　잘 이해가 안 되면 다시 그림 3-5로 돌아가 보자. 그림을
보면 보라색 빛이 가장 많이 꺾이면서 물방울을 빠져나오는
데, 그 각도는 수평을 기준으로 약 40.91도 정도 기울어 있어.
반면에 가장 적게 굴절하여 빠져나오는 빨간색 빛의 고도는
42.25도 정도야. 빨간색 빛의 고도가 더 높은 거지. 빛이 물방
울에서 나오며 그리는 궤적을 쭈욱 직선으로 연장해 봐. 고도
가 높을수록 위에 보이겠지? 그래서 무지개의 가장 위에 있는
색은 빨간색이야. 이후 순서대로 주황색, 노란색 순으로 배열
이 되어 있지. 책이나 인터넷을 보면 무지개 그림에서 색의 순
서가 거꾸로 잘못 그려진 경우가 많아. 하지만 우리는 이제 무
지개 색이 왜 이런 순서로 등장하는지 설명할 수 있겠지?

　무지개에 대한 재미있는 사실 한 가지 더. 무지개는 흔히 쌍
무지개로 둘씩 나타나는 경우가 많아. 선명한 1차 무지개 위에
희미한 2차 무지개가 보이는 거지. 2차 무지개가 만들어지는
과정도 1차 무지개와 같아. 단, 빛이 물방울 하단으로 들어가
서 내부에서 두 번 반사한 후에 아래를 향해 빛이 꺾여 나온다

는 점이 다르지. 그래서 2차 무지개의 색깔 순서는 1차 무지개와 반대야. 그렇다면 물방울 내부에서 3번 이상 반사되어 생기는 무지개는 없는 걸까? 당연히 있지. 하지만 3차 이상의 무지개들은 밝은 태양 쪽에 생기거나 반복적으로 반사되면서 희미해지기 때문에 관찰되는 경우는 거의 없다고 해.

이처럼 자연의 물질들이 갖고 있는 굴절률로 인한 분산은 무지개처럼 아름다운 빛의 현상을 만드는 경우가 많아. 햇무리에서 보이는 색의 갈라짐도, 드물게 보이는 채운이라는 현상도, 호스로 물을 뿌렸을 때 보이는 무지개도 모두 공중에 떠 있는 물방울이나 얼음 알갱이가 만드는 빛의 분산 효과 덕분에 볼 수 있어. 프리즘이 빛을 나누는 원리도 이와 정확히 같아. 프리즘을 구성하는 유리나 플라스틱의 굴절률이 빛의 색깔마다 다르기 때문에 빛이 분산되어 나뉘는 거지. 이를 응용해 빛을 분해하고 빛의 성질을 연구하는 학문이 분광학이야. 분광학에 대해서는 7장에서 더 자세히 다루도록 할게.

빛 가두기, 가둔 빛 이용하기 ═══

이제 반사하고 굴절하는 빛의 성질을 어떻게 활용해 우리 생활을 풍요롭게 만들 수 있을지 고민해 보자.

거대한 댐에 가둔 물은 어떻게 이용할까? 파이프를 통해 공장이나 가정에 공급하겠지? 파이프는 물이 달아나지 않게 가두면서도 일정한 방향으로 흐르도록 유도하지. 그런데 재미있게도 빛을 실어 나르는 파이프도 있어. 바로 광통신의 핵심 부품인 **광섬유**야. 광섬유의 원리를 이해하려면 내부 전반사라는 현상부터 알아야 해. 그림 3-6을 가지고 설명해 볼게.

수영장에서 잠수를 한 후에 레이저 포인터를 쏘아 자신의 위치를 물 밖에 있는 사람들에게 알려 주는 실험을 한다고 해 보자. 물속에서 수직으로 빛을 쏘면 어떻게 될까? ①처럼 수직으로 빠져나올 거야. 극히 일부는 약하게 반사하겠지만 말이야. 이번에는 각도를 기울여서 쏘아 보자. ②와 같이 입사각을 키

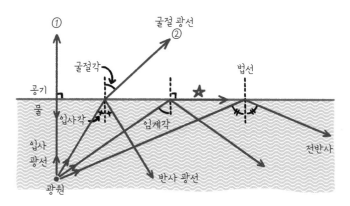

3-6 빛이 물속에 갇히다!

우면 앞에서 물에 잠긴 연필을 예로 설명한 것처럼 빛이 법선에서 멀어지는 방향으로 꺾여. 굴절률이 큰 물에서 굴절률이 작은 공기로 빠져나가니까. 입사각을 계속 키우면 굴절각도 커지다가 결국 90도 각도로 굴절될 거야. 굴절된 빛이 물과 공기 사이의 경계면을 따라 진행하는 거지. (그림에서 빨강 별표가 나타내는 광선이야.) 이처럼 굴절각을 90도로 만드는 특정 입사각을 **임계각**이라고 불러. 그림에는 임계각으로 입사할 때 표면을 따라가는 빛과 반사의 법칙에 따라 반사되는 빛이 함께 그려져 있어. 문제는 그다음이야. 임계각보다 더 큰 각도로 빛을 쏘면 어떻게 될까? 그때는 물 밖으로 굴절되어 탈출하는 빛은 하나도 없고 100퍼센트 물속으로 반사하는 현상이 일어나. 빛이 물속에 갇히는 거지! 이를 **내부 전반사**라고 해. 그러니 물속에 잠수해 있는 자신의 존재를 알리기 위해 빛을 밖으로 쏜다면 반드시 임계각보다 작은 각도로 쏴야겠지? 그래야만 굴절되면서 밖으로 빠져나가는 빛이 생기니까 말이야.

이번엔 그림 3-7에서 수영하는 사람의 모습을 보자. 관찰자가 물속에 있는 상태에서 수영하는 사람을 바라본다면 물속에서 헤엄치는 사람의 이미지가 그림처럼 위에도 보일 거야. 지금까지 배운 걸 토대로 생각해 보면 그 이미지가 왜 생기는지 이해할 수 있지. 수영하는 사람의 몸을 떠난 빛 중 초록색 화살

3-7 수영장에서 전반사를 만날 수 있지.

표처럼 직접 눈에 들어오는 빛을 통해, 우리는 물속에서 헤엄
치는 사람을 바로 볼 수 있어. 그런데 빨간색 화살표처럼 물 밖
을 향해 진행하다가 경계면에 큰 입사각으로 부딪친 빛들이 전
반사를 해서 눈에 들어오면, 흡사 수면에서 수영하는 사람이
있는 듯한 이미지도 보이는 거야. 이 경우 수면은 거울 면과 비

숫하게 물속 사람의 몸에서 출발한 빛을 반사하지. 전반사는
광학 기술에서 매우 중요한 역할을 맡고 있어.

빛에 정보를 싣고, 빛의 속도로

이제 광섬유 얘기를 해도 될 것 같구나. 광섬유는 아래 사진
처럼 생겼는데 유리를 실처럼 길게 뽑아 만들어. 한가운데에는
코어(core)라고 하는 매우 가는 유리 선이 있고 그 주변을 클래

딩(cladding)이라고 하는 유
리 껍질이 감싸고 있지.

전반사가 일어나는 조건
이 뭐였는지 기억나니? 맞
아. 굴절률이 큰 매질에서

작은 매질로 진행할 경우에 발생한다고 했지! 이를 응용해서 광
섬유 속 코어의 굴절률은 클래딩의 굴절률보다 항상 더 크게 디
자인을 해. 그래야만 광섬유 한쪽 끝의 코어로 집어넣은 빛이
코어와 클래딩의 경계면에서 전반사하면서 나아갈 수 있으니
까. 빛을 보낸다는 건 정보를 보내는 거지. 오늘날 디지털 정보
는 0과 1이라는 두 숫자만으로 구성된 이진수로 전달해. 빛의
펄스를 보내는 것을 0, 펄스가 꺼져 있는 것을 1로 삼기로 약속

하면 광섬유를 통해 디지털 정보를 계속 보낼 수 있는 셈이지.

광통신에 사용하는 빛은 가시광선이 아니고 1550나노미터의 파장을 가진 적외선이야. 광섬유를 이루는 유리 속에서 가장 흡수가 덜 되고, 그래서 가장 멀리까지 전파할 수 있는 파장을 선택한 거지. 전 세계 주요 바다의 해저에는 엄청나게 긴 광통신망이 어마어마하게 깔려 있어. 이 네트워크가 전 세계인들을 연결시켜 주는 거지. 인터넷이나 전화가 없는 세상을 상상이나 할 수 있겠니? 그런 생각을 하다 보면 '빛의 기술'이 얼마나 소중한지 새삼 느낄 수 있을 거야. 광섬유를 개발하고 광통신의 기초를 마련한 영국의 찰스 카오(Charles Kao)는 그 공로를 인정받아 2009년 노벨물리학상을 수상했어. 그러고 보면 노벨물리학상이 누구에게 어떤 이유로 돌아갔는지가 현대 과학의 발전을 그대로 보여 주는 것 같아.

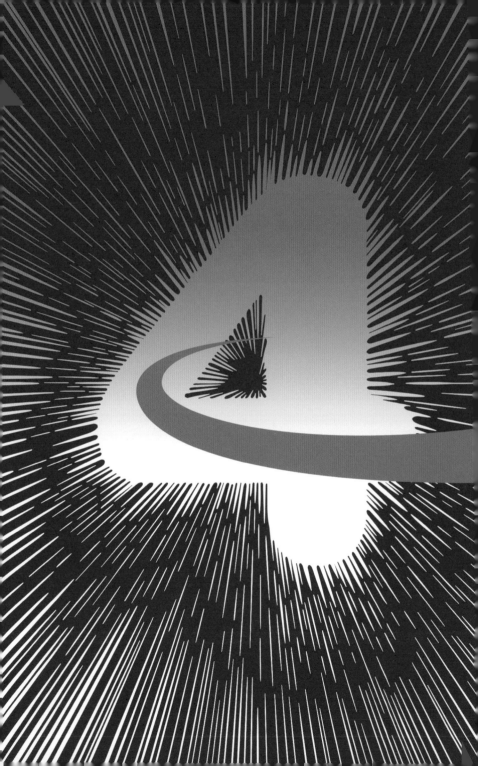

밝은 빛, 어두운 빛, 휘어지는 빛

3장에서는 빛이 물체와 만나 행동하는 방식, 즉 반사되고 굴절되며 때로는 갇히는 모습들을 살펴봤어. 하지만 그건 빛이 보여 주는 행동의 일부분일 뿐이야. 빛은 파동이기 때문에 훨씬 다채로운 모습으로 자신을 드러내지. 이번 장에서는 빛과 빛이 만났을 때, 그리고 빛이 아주 작은 물체들이나 미세한 틈을 만났을 때 어떤 식으로 행동하는지 살펴보도록 하자.

파동과 파동이 만나면 ====

친구가 너의 생활에 간섭하면 어떤 기분이 드니? 지나친 간섭을 좋아하는 사람은 별로 없을 거야. 간섭이란 자신이 아닌 다른 사람의 일에 관여하는 행동이니까 말이야. 물론 적당한 간섭, 애정 어린 간섭은 관심의 표현이기도 해. 때로는 긍정적인 간섭이 나를 변화시키기도 하지.

그런데 이렇게 서로 다른 개체들이 만나 서로를 변화시키는 현상이 빛에서도 일어나. 파동과 파동이 만나 일으키는 간섭이라는 현상이 그것이지. 이 현상은 때로 매우 아름다운 모습을 만들어 내기도 해. 마치 서로에게 적절한 간섭을 하면서 우정이 단단해지는 것처럼 말이야.

파동에서 어떻게 간섭 현상이 일어나는지 살펴보기 전에, 다시 한 번 물결의 파동 이야기를 해야겠어. 다음 페이지의 그림 4-1은 쇠공이 달린 막대기 두 개를 들고 물을 규칙적으로 통통 쳤을 때 일어나는 물 표면의 변화를 간략하게 표현한 거야. 그러면 쇠공이 닿는 곳을 중심으로 동심원을 그리며 파문이 퍼져 나가겠지? 흥미로운 건 이 두 물결파*가 퍼져 나가다가 만났을

● 수면파를 물결파라고도 해. 물결파 역시 수면에서 진동에 의해 발생하는 파동을 말하지.

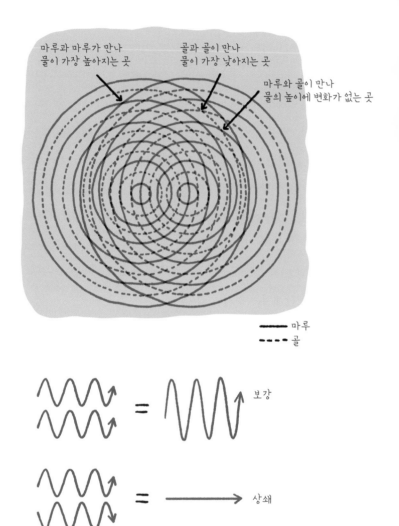

마루과 마루가 만나
물이 가장 높아지는 곳

골과 골이 만나
물이 가장 낮아지는 곳

마루와 골이 만나
물의 높이에 변화가 없는 곳

━━━ 마루
- - - 골

보강

상쇄

4-1 파동과 파동이 만나서 보강과 상쇄를.

경우야. 파동과 파동이 만났을 때 벌어지는 현상을 **간섭**이라고 부르지. 앞서 물의 파동에서는 마루와 골이 주기적으로 나타난다고 했던 거 기억하지? 두 쇠공이 만든 수면파도 이 그림처럼 마루와 골이 일정한 간격으로 계속해서 퍼질 거야. 그러다가 어느 지점에서 마침내 한쪽 수면파의 마루와 다른 쪽 수면파의 마루가 만나는 거지. 거기선 어떤 일이 벌어질까? 두 마루가 합쳐지면서 더 커다란 마루가 생겨! 각 마루의 높이(진폭)가 10센티미터였다면 파동이 합쳐져 만들어진 마루는 10센티미터에 10센티미터를 더한 20센티미터가 되지. 그림을 다시 보자. 수면파를 실선 고리와 점선 고리로 표현했는데, 실선 고리를 마루, 점선 고리를 골이라고 보면 돼. 마루와 마루가 만난 곳은 물의 높이가 더 높아지고, 골과 골이 만나는 지점에서는 물이 아래로 푹 꺼질 거야. 그림 4-1의 아래쪽 그림은 두 파동의 마루와 마루, 골과 골이 만나면 더 높은 마루, 혹은 더 깊은 골을 가진 파동이 만들어지는 원리를 보여 주고 있어. 이렇게 두 파동이 동일한 조건으로 만나서 파동의 진폭이 커지는 간섭을 **보강간섭**이라고 불러.

하지만 꼭 마루는 마루끼리, 골은 골끼리만 만나라는 법은 없지. 만약 한쪽 파동의 마루가 도착한 지점에 다른 파동의 골이 도착하면 어떻게 될까? 한쪽은 올라가 있고 다른 쪽은 아래로 꺼져 있으니 높낮이가 없어지지 않을까? +2와 -2를 더하면 0이 되는 것처럼 말이야. 이렇게 마루와 골이 만나면 진폭이 사라지는 간섭이 일어나는데, 이를 **상쇄간섭**이라고 불러.

그림 4-1 아래를 보면 두 파동의 마루와 골, 그리고 골과 마루가 만나며 상쇄되는 상황이 표현되어 있어. 두 쇠공이 만드는 수면파들이 퍼지다가 마루와 마루가 만나 물의 높이가 더 높아진 곳, 골과 골이 만나 더 낮아진 곳들 사이에 둘의 중간 정도 높이를 가진 패턴들이 생길 거야. 바로 마루와 골이 만나 물의 높낮이에 변화가 없어진 부분이지.

파동과 파동 사이의 간섭 현상은 수면파 외에 다른 경우에도 발견할 수 있어. 노이즈 캔슬링 이어폰이라고 들어 본 적 있지? 외부의 소음(noise)을 제거(canceling)해 주는 기능성 이어폰이야. 최근에 시끄러운 비행기 안이나 지하철에서 사람들이 많이 애용하지. 이 이어폰은 어떤 원리로 외부의 소리를 제거하는 걸까? 바로 앞에서 설명한 간섭의 원리를 이용했어.

1장에서 얘기했듯이 소리, 즉 음파는 공기를 통해 공기 밀도의 진동이 우리 귀의 고막으로 전달되는 거야. 내가 성대를 울려서 공기를 진동시키면 공기의 밀도가 변하면서 밀도가 높고 낮은 부분이 교대로 생기지. 수면파에서 수면이 가장 높은 마루는 음파에서 공기의 밀도가 제일 높은 곳, 그리고 수면파에서 수면이 가장 낮은 골은 음파에서 공기의 밀도가 가장 낮은 곳에 해당돼. 이 음파의 주파수가 소리의 높낮이를 결정하고, 밀도 변화가 클수록 소리는 더 크게 들리지.

노이즈 캔슬링 이어폰 속에는 외부의 소리를 감지하는 센서와 스스로 소리를 만드는 장치가 내장되어 있어. 센서가 외부의 공기 밀도 변화를 감지하면 내부 장치가 그걸 그대로 흉내낸 소리를 만들어서 외부의 소리에 더하는 거야. 단 흉내 내는 소리에는 조건이 있어. 외부에서 들어오는 소리의 밀도가 높으면 낮은 밀도의 소리를, 밀도가 낮으면 높은 밀도의 소리를 만들어 더해 버리는 거지. 그러면 상쇄간섭의 원리에 의해 외부에서 전달되는 소음을 없애 버릴 수 있어. 수면파의 마루에 골을 더하거나 골에 마루를 더하면 진폭이 0이 되면서 파동이 사라지는 것과 같은 원리야.

발밑에서 발견한 무지개의 비밀 ═════

빛도 파동이니 당연히 간섭이 일어나겠지? 이제 빛의 간섭으로 주제를 옮겨 보자. 수면파는 물의 높낮이에 의해 마루와 골이 결정된다고 했지? 빛은 전기장의 높낮이에 의해 마루와 골을 정할 수 있어. 전기장이 양의 방향으로 가장 높은 곳이 마루, 음의 방향으로 가장 많이 내려가 있는 곳이 골이야. 전기장의 마루와 마루, 혹은 골과 골이 만난 곳은 빛의 세기가 아주 커지지만 마루와 골이 만나는 곳은 빛이 없는 어두운 곳이 될 거야.

잘 이해가 안 되면 파도로 비유해 보자. 파도가 없는 수면은 마루와 골이 만나는 잔잔한 곳일 거야. 그렇지만 마루와 마루가 만나 높아진 파도, 그리고 골과 골이 만나 아래로 푹 꺼진 파도는 둘 다 배를 뒤집어 버릴 만큼 파괴력을 가지겠지. 파도의 파괴력에 비유할 수 있는 게 빛의 세기야. 전기장의 마루와 마루, 골과 골이 만나는 곳이 밝은 이유, 전기장의 마루와 골이 만나는 곳은 빛이 없는 곳이 되는 이유를 같은 맥락에서 이해할 수 있겠지?

빛의 간섭 현상은 둘 이상의 빛이 합쳐질 수 있는 조건에서 쉽게 관찰할 수 있어. 일상생활에서 빛의 간섭을 볼 수 있는 가장 흔한 사례는 아마 비누 방울이나 기름막일 거야. 비누 방울이나 기름막을 자세히 보면 무지개 색깔이 보이지? 이게 빛의 간섭과 무슨 관계인지 아직 잘 모르겠다고? 그림 4-2를 보면서 설명해 볼게. 아마 금방 이해할 수 있을 거야.

왼쪽 사진처럼 도로 위에 기름막이 있다고 해 보자. 햇빛과 같은 외부의 빛이 기름막에 비춰지면 우선 막의 표면에서 빛의

출처: 위키피디아

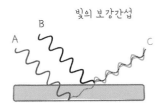

빛의 보강간섭

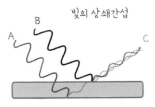

빛의 상쇄간섭

4-2 발밑의 무지개에 이렇게 예쁜 비밀이!

일부가 반사하겠지? 오른쪽 두 그림에서 B라고 표시한 빛이 바로 막의 표면에서 반사된 빛이야. 실선은 입사되는 빛이고 점선은 반사되는 빛을 의미해. 그리고 어떤 빛은 기름막의 표면을 뚫고 약간 아래로 내려가 도로에 부딪치며 그 일부가 반사할 거야. A라고 표시한 빛이 이런 경로를 따르지. 그래서 막을 내려다보면 막의 위와 아래 표면에서 반사된 두 빛이 합쳐져 눈에 들어올 거야. 이 두 빛이 눈에 들어올 때 전기장의 마루와 마루가, 그리고 골과 골이 만나 들어오면 보강간섭이 일어나면서 밝은 빛을 느낄 수 있어. 이게 그림 4-2에서 위쪽 그림이 묘사하는 상황이야. 반사된 두 빛의 전기장, 즉 검정색 점선과 빨간색 점선이 비슷한 방식으로 진동하는 모습이 보이지? 두 빛의 전기장이 일치하여 더 센 빛인 C를 만들어 낸다는 걸 초록색 선으로 표현했어. 만약 아래 그림처럼 반사된 두 빛의 전기장에서 마루와 골이 만난다면 이들이 합쳐진 빛은 완벽히 사라지거나 그림 속 초록색 선처럼 세기가 많이 약해질 거야.

그러면 왜 기름막 위에 무지개 색이 보이는 걸까. 햇빛은 백색광이라 해서 무지개 색의 모든 색깔이 포함되어 흰색으로 보인다고 했던 것 기억하지? 이 색들은 파장이 달라서 빨간색 쪽으로 갈수록 파장이 길다는 것도 기억할 거라고 믿어. 그래서 기름막에 입사한 빛은 파장에 따라 어떤 색은 보강간섭을, 어떤 색은 상쇄간섭을 일으키지. 그렇다면 어떤 색이 보강간섭을 일으킬지는 무엇이 결정할까? 다시 그림 4-2의 위아래 두 경우를 살펴보자. 기름막 표면에서 바로 반사된 빛 B는 위나 아래나 똑같을 수밖에 없어. 조건이 같으니 다를 이유가 없지. 그러므로 간섭의 종류를 결정하는 것은 기름막 윗면을 통과해 내려가서 도로에 부딪쳤다가 올라와 빠져나오는 빛 A야. 빛 A가 막을 빠져나오는 순간 빛 B와 동일한 상태여서 마루와 마루가 만나거나 골과 골이 만나 합쳐지면 보강간섭이 일어나는 거지. 반면에 두 빛이 마루와 골이 겹치는 조건으로 만나면 상쇄간섭이 일어나서 그 색깔의 빛은 보이지 않을 거고. 보강간섭을 일으키는 빛이 빨간색이라면 그 부분은 빨간색으로 보일 테고 초록 빛이 보강간섭을 일으킨다면 그 부분은 초록색을 띠겠지.

기름막 위 특정 지점에서 어떤 색이 보강간섭을 일으킬지는 빛이 왕복해 지나가는 기름막의 두께가 결정해. 이렇게 비유해 볼게. 길이가 10미터인 도로를 보폭이 다른 어른과 아이가 걷는다고 해 보자. 두 사람이 동시에 오른발부터 들어 올려 똑같은 동작으로 출발하더라도 보폭이 다르니 도로를 빠져나오는 순간 두 사람의 발동작은 당연히 다르겠지? 빛도 비슷해. 기름막의 두께가 같아도 빨강 빛과 초록 빛은 파장이 다르기 때문에 막을 왕복할 때 보폭이 다른 것처럼 행동하는 거야. 즉, 두 빛이 기름막을 왕복한 후 빠져나오는 순간 전기장의 상태, 즉 마루인지 골인지 아니면 다른 형태로 빠져나오는지가 파장에 의해 결정되는 거지. 그래서 어떤 색깔은 표면에서 직접 반사한 빛 B와 보강간섭을 만들지만 다른 파장, 즉 다른 색깔의 빛은 마루와 마루가 만나는 조건을 만들지 못해 세기가 약해지지. 다시 말해서 빛이 왕복해야 하는 기름막의 두께가 결정되어 있으면, 이에 대해 보강간섭을 일으킬 수 있는 빛의 색깔도 그 두께에 대응하여 정해지는 거야.

그렇다면 왜 비누 방울이나 기름막 위에서 한 가지 색이 아니라 무지개 색이 보이는 걸까? 특정 두께에서는 특정한 색깔만 보강간섭을 일으킨다고 했으니 한 가지 색으로 보이는 게 맞는 게 아닐까? 그것도 맞는 지적이야. 하지만 도로 위 기름막이나 공기 중에 떠 있는 비누 방울은 두께가 균일하지 않아. 비누 방울은 중력에 의해 아래로 치우치기 때문에 위쪽은 얇고 아래는 두꺼운 게 보통이지. 따라서 비누 방울의 위치에 따라 보강간섭을 일으키는 색이 다르기 때문에 다채로운 무지개 색이 나타나는 거야. 이걸 염두에 두면 기름막이나 비누 방울에서 두께가 동일한 영역들을 확인할 수도 있어. 동일한 색깔의 띠가 보이는 부분은 막의 두께가 같은 거지.

13억 년 전 비밀을 드러내다 ===

과학에 관심이 있는 친구들이라면 올해의 노벨상은 누가 받을까 항상 관심을 가질 거야. 혹시 2017년 노벨물리학상을 누가 수상했는지 기억하니? 우리나라에서 천만 관객을 모은 〈인터스텔라〉라는 영화에 과학 자문을 했던 물리학자 킵 손(Kip Thorne)을 포함해서 라이너 바이스(Rainer Weiss), 배리 배리시(Barry Barish)에게 돌아갔어. 이들은 아인슈타인이 일반상대성이론에 근거하여 예측했던 중력파를 2016년 라이고(LIGO)라는 관측 장비를 이용해 최초로 측정하는 데 기여했지. 금세기 최고의 발견이라고 일컫는 중력파 검출 공로를 인정받은 거야.

중력파가 대체 뭐길래 그렇게 큰 상을 준 걸까? 중력파는 블랙홀처럼 상상할 수 없을 정도로 무거운 물체들이 충돌해 합쳐질 때 발생한다는 '시공간의 떨림'이야. 말 그대로 공간이 파동처럼 떨리는 거지. 이는 다시 말해서 우리가 살고 있는 공간이 수축과 팽창을 반복한다는 얘기야. 그런 현상을 본 적이 없다고? 너무나 당연해. 중력파에 의해 생기는 떨림의 정도는 원자핵보다도 훨씬 작아서 눈에 보이기는커녕 측정 자체가 너무나 어려운 과정이었지. 그런데 이 중력파 검출에 라이고라는 장비를 사용한 거야. 라이고는 빛의 간섭을 이용한 간섭계야. 빛의 간섭 현상이 중력파 발견의 일등공신인 셈이지.

다음 페이지 그림 4-3을 보자. 이 그림은 중력파 검출에 성공한 라이고 간섭계의 기본 구조야. 레이저에서 나온 빛이 45도로 기울어져 있는 빛 가르개(입사되는 빛을 두 방향으로 나눠 주는 장치)를 통과하면서 일부는 반사해 거울 1로 향하고 일부는 투과하면서 거울 2로 가지. 거울 1에서 반사된 빛은 다시 빛 가르개를 거쳐 일부가 투과돼 검출기를 향하고, 거울 2에서 반사된 빛도 빛 가르개를 만나 일부가 반사되어 검출기를 향해.

자, 그다음부터가 중요해. 각 거울에서 반사되어 검출기를 향

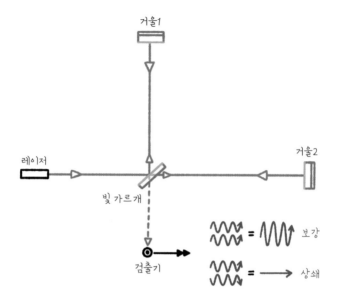

거울1

거울2

레이저

빛 가르개

검출기

= 보강

= 상쇄

4-3 중력파를 검출해 낸 라이고 간섭계의 구조.

하는 두 빛은 간섭을 하면서 검출기에서 검출되겠지. 이때 빛
가르개와 거울들 사이의 거리를 정밀하게 조절하면 두 빛이 완
벽히 상쇄간섭을 일으키도록 만들 수 있어. 그러면 검출기에서
측정되는 빛은 완전히 없어지지. 이때 만약 한쪽 거울을 살짝
건드리면 어떻게 될까? 빛 가르개에서 거울까지의 거리가 약간
바뀌어서 빛이 왕복하는 거리도 달라지겠지. 그래서 엄격하게

지켜지던 두 빛의 상쇄간섭 조건이 깨질 거야. 그때는 검출기에서 빛이 검출되겠지. 공간을 뒤틀면서 진동시키는 중력파가 간섭계를 지나가는 움직임은 흡사 한쪽 거울을 살짝 건드리는 행위와 같은 거야. 중력파가 공간을 흔들고 이 때문에 거울까지의 상대적인 거리가 바뀌면 상쇄간섭의 조건이 틀어지고 검출기에 희미한 빛이 측정되지.[*]

2016년 인류에게 처음으로 모습을 드러낸 중력파는 무려 13억 년 전 두 개의 블랙홀이 충돌해 합쳐지면서 만들어진 거라고 해. 13억 년 전이면 지구에 포유류는 고사하고 다세포 생물이 출현하기도 전인 까마득한 과거야. 그 옛날 지구의 남반구 방향으로 13억 광년 떨어진 곳에서 각각 태양 질량의 36배, 29배에 달하는 거대한 두 블랙홀이 충돌하면서 일으킨 중력파가 13억 년 동안 빛의 속도로 날아와 과학자들이 설치한 간섭계를 통해 검출된 거야. 빛의 간섭이라는 파동 현상을 통해 또 다른 파동인 중력파를 검출할 수 있게 된 거지. 비누 방울의 아름다운 색깔을 만드는 빛의 성질이 인류에게 중력파 발견이라는 선물을 안겨 주었다는 게 신기하지 않니?

----

[*] 중력파에 의해 두 거울 사이의 거리가 바뀌며 간섭이 변하는 모습을 담은 동영상을 이 링크 https://www.ligo.caltech.edu/page/what-is-interferometer에서 볼 수 있어.

이번에는 빛이 파동이라는 걸 보여 주는 또 다른 속성을 살펴보자. 바닷가의 파도 얘기로 돌아가 보는 거야. 바다에는 파도를 막는 방파제가 있지. 방파제 가운데에는 보통 배가 드나들수 있는 물길이 열려 있어. 파도가 방파제로 들이닥치면 제방에 부딪쳐 부서지겠지만 일부는 열린 물길을 따라 들어오겠지? 이때 파도는 어떤 모습으로 들어올 것 같니? 물길의 폭에 맞춰서, 딱 그만큼의 폭을 유지하며 들어올까?

아니지. 오른쪽 사진 4-4에 보이는 것처럼 뚫린 물길로 들어와서, 진행을 막던 장애물인 제방 뒤쪽으로 더 넓게 퍼져 나갈 거야. 이처럼 파동은 틈을 통과한 후 파동의 전파를 방해하는 장애물을 넘어서 그 뒤로 휘어져 가려는 성질이 있어. 우리말 중에 '에돌다'라는 동사가 있는데 이는 똑바로 나아가지 않고 피하여 돌아간다는 뜻이야. 장애물을 만나면 그 뒤로 돌아가는 파동의 성질도 이와 비슷해서 **에돌이**라고 불러. 한자로는 **회절**이라고 하지. 에돌이 현상은 아주 쉽게 경험할 수 있어. 소리, 즉 음파가 만드는 에돌이 현상이 대표적이지. 담장 너머 보이지 않는 곳에 있는 친구가 내 이름을 부르고 있다고 치자. 음파가 퍼지지 않고 직진만 한다면 담장 뒤에 있는 친구의 목소리가 내 귀에 와 닿을 수 없겠지. 하지만 친구의 입을 떠난 음파

4-4 파도가 에돌이를 하고 있어!

는 담장이라는 장애물을 넘어서, 방파제의 물길을 통과한 파도가 제방 뒤로 돌아 퍼지듯이 에돌아서 퍼져 나가지. 이 중 일부가 내 귀에 닿기 때문에, 친구를 눈으로 볼 수는 없지만 목소리는 들을 수 있는 거야.

그렇다면 파동은 왜 장애물이 없는 곳으로만 진행하지 않고 장애물 뒤로 휘어져 돌아갈까? 다음 페이지 그림 4-5를 보자. 잔잔한 호수에 돌멩이를 던지면 떨어진 곳을 중심으로 동심원 모양의 물결파가 생기지? 왼쪽 그림을 보면 파도가 방파제를 향해 오다가 매우 좁은 물길만 통과하는 게 보여. 파도의 마루가 이 좁은 물길을 통과하는 순간에는 그곳에 있던 물이 치솟아 오르겠지. 골이 지나가며 물이 푹 꺼진다고 생각해도 상관없어. 중요한 건 파도가 좁은 물길을 지나가며 물을 흔드는 동작이 돌멩이를 던져서 파문을 만드는 것과 같은 효과를 일으킨다는 거야. 즉, 방파제를 향해 달려온 파도의 마루와 골이 순서대로 좁은 틈을 지나면서 통로의 물을 위아래로 흔들면 그 통로를 중심으로 동심원 모양의 파문이 퍼져 나가는 거지.

방파제로 막혀 있는 뒤쪽까지 동심원 형상의 파도가 만들어지는데, 이게 방파제라는 장애물 뒤로 파도가 휘어져 진행하는 원인이야. 만약 물길의 폭을 넓혀서 4-5의 오른쪽 그림처럼 파도가 넓은 폭으로 들어온다면 어떨까. 파도의 마루가 방파제 사이 물길을 지나가는 순간에는 한 줄이 된 마루가 들이닥치는 모양이겠지? 폭이 좁으면 돌멩이가 하나 떨어지는 효과가 나지만, 아래 그림처럼 긴 마루가 넓은 틈을 지나면 돌멩이가 일렬로 한꺼번에 떨어지는 것과 비슷한 효과를 낼 거야. 돌멩이가 떨어지는 지점마다 동심원으로 파문이 생기니 그것들이 합쳐져 일으키는 간섭 무늬는 그림의 초록색과 같이 가운데는 직선, 물길의 양끝에서는 동심원이 되어 방파제 뒤쪽으로 퍼져 나가는 모양이 될 거고.

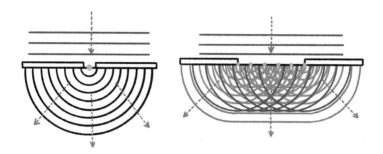

4-5 좁은 곳을 통과할수록 에돌이가 심하다!

빛에도 이런 에돌이 현상이 있어. 빛도 파도나 음파와 마찬
가지로 장애물을 만나면 그 뒤로 에돌아 휘어져 가지. 단, 빛은
파장이 짧기 때문에 장애물이 작을수록 에돌이 현상이 크게 일
어나서 쉽게 확인할 수 있어. 검정색 판지에 바늘로 아주 작게
구멍을 낸 다음 빛을 쪼이고, 그 뒤에 스크린을 대서 통과되는
빛을 자세히 관찰한다고 해 보자. 언뜻 생각하기에는 구멍이랑
동일한 모양으로 빛이 통과하고 나머지 공간에는 그림자가 드
리울 것 같아. 하지만 실제로는 4-6 사진처럼 빛이 통과한 구
멍 모양으로 생긴 밝은 원 주변에 어둡고 밝은 선들이 나타나
지. 구멍을 에돌아간 빛들이 간섭을 일으켜 만드는 회절 현상
이야. 작은 원을 작은 사각형 혹은 작은 십자가로 만들어도 그
주변엔 물결 모양의 아름다운 에돌이 무늬가 보여. 정말 아름

4. 밝은 빛, 어두운 빛, 휘어지는 빛

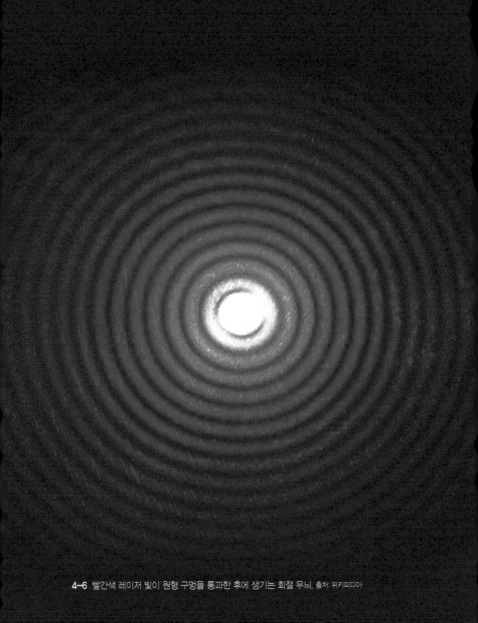

4-6 빨간색 레이저 빛이 원형 구멍을 통과한 후에 생기는 회절 무늬. 출처: 위키피디아

답지?

이렇게 아름다운 빛의 현상을 볼 수 있도록 인간은 오랜 시간 진화하는 과정에서 눈과 시각 체계를 발달시켜 왔어. 눈이 빛과 어떻게 작용하길래 이런 무늬들을 볼 수 있는 걸까? 그게 바로 다음 장의 주제야.

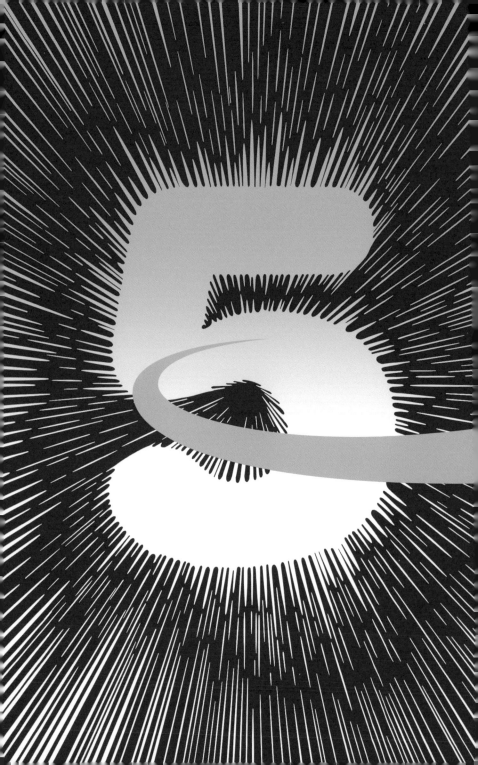

지금까지 빛이 전자기파의 일종이라는 사실, 그리고 전자기파를 어떻게 분류하는지 확인했어. 그다음엔 빛이 보여 주는 다양한 행동들과 그것을 자연에서 어떻게 확인할 수 있는지 살펴보았지. 아쉽게도 인간의 눈은 전자기파 중 극히 일부에 해당하는 가시광선만을 볼 수 있어. 그렇기 때문에 가시광선은 인간에게 중요한 존재인 거고. 이번 장에서는 우리가 빛을 어떻게 느끼고 받아들이는지 살펴보도록 하자. 눈의 구조를 보고 눈과 뇌가 어떻게 협력해서 빛을 색으로 감지하는지, 그걸 이용해서 어떻게 다채롭고 아름다운 색깔들을 만들어 내는지 알아보는 게 이 장의 목적이야.

우리 눈이 뭔가를 본다는 건 눈에 들어오는 빛을 보는 거야. 햇빛이나 조명의 빛을 직접 보든, 아니면 물체의 표면에서 반사된 빛을 보든, 눈에 들어오는 빛을 느끼며 시각 능력을 갖는 거지. 빛에 실려 오는 정보로 우리는 대상의 형태와 밝기, 색상 등을 파악할 수 있어. 눈은 어떤 구조이길래 빛을 감지할 수 있는 걸까? 다음 페이지의 그림 5-1에서 눈의 구조를 보며 설명해 볼게.

그림 5-1의 위쪽은 눈의 단면을 스캔한 거라고 생각하면 되겠어. 사람의 시각에서 가장 중요한 역할을 하는 건 각막, 수정체, 그리고 망막이야. 그림을 보면 눈의 가장 바깥에 각막이 있고 그 뒤에 렌즈 역할을 하는 수정체가 있어. 각막과 수정체는 빛을 굴절시켜서 눈의 뒤쪽에 있는 망막 위에 물체의 상을 맺게 해. 수정체 앞에 있는 홍채는 동공, 즉 눈동자의 크기를 조정해 눈에 들어오는 빛의 양을 조절하지.

눈을 간단한 박스 카메라와 비교해 보면 이해하기 더 쉬울 거야. 그림 5-1의 아래를 보면 조리개와 렌즈, 필름으로 구성된 단순한 카메라가 있어. 조리개는 홍채처럼 카메라로 들어오는 빛의 양을 조절하지. 렌즈는 외부의 피사체에서 출발한 빛이 필름에 맺게 하고. 물론 요즘 카메라들은 필름 대신에 CCD

라고 하는 전하촬상소자(Charge-Coupled Device)를 사용하지만 말이야. 옛날 카메라는 빛을 쬐면 반응하는 화학 물질을 이용해 피사체의 상을 저장했어. 요즘 사용하는 CCD는 빛의 세기를 측정할 수 있는 반도체 소자°로 이루어져 있고. 그럼 사람의 눈에서 필름이나 CCD처럼 빛을 감지하는 곳은 어디일까? 맞

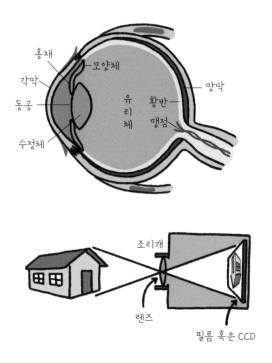

5-1 눈은 어떻게 빛을 보는 걸까? 사진기는 어떻게 빛을 붙잡을까?

아. 눈의 뒤쪽에 있는 망막이야. 망막에는 빛에 반응하는 세포, 즉 시각 세포(줄여서 시세포라 해)들이 있고 카메라의 필름이나 CCD처럼 빛을 감지해. 시각 세포에는 로돕신(rhodopsin)이라는 단백질이 있어서 빛이 닿으면 반응하고 이를 전기신호로 바꿔서 뇌로 전달하는 역할을 하지.

한 가지 재미있는 얘기를 해 줄까? 그림의 박스 카메라를 보면 바라보는 대상(집)이 필름 혹은 CCD에 거꾸로 맺히지? 하나의 렌즈를 이용하는 경우 상은 보통 거꾸로 맺히게 되어 있어. 사람 눈은 어떨까? 사람의 눈에도 렌즈가 하나라서 물체의 상이 망막에 거꾸로 맺혀. 즉, 네가 친구를 보면 망막 위에는 친구가 물구나무를 선 것처럼 거꾸로 상이 맺히는 거지. 그런데 어째서 똑바로 서 있는 것처럼 보이는 걸까? 그것은 우리의 복잡한 뇌가 눈으로부터 시각 정보를 받아 해석하는 과정에서 이를 바로잡기 때문이야. 친구는 망막에 거꾸로 맺히지만 뇌 덕분에 똑바로 서 있다고 느낀다는 거지.

망막에 있는 시각 세포에는 두 종류가 있어. 막대기처럼 생겼다고 해서 막대 세포라 부르는 세포와 원뿔처럼 생겼다고 해서

●장비나 제품 등에서 일정한 기능을 담당하는 기본 요소나 부품을 소자라고 불러.

원뿔 세포라 부르는 세포지. 막대 세포는 간상 세포로, 원뿔 세포는 원추 세포라고 부르기도 해. 시각에서 둘의 역할은 뚜렷하게 나뉘어. 한밤중처럼 빛이 매우 희미할 때는 막대 세포가 작동하지. 막대 세포는 희미한 빛을 감지하는 능력이 뛰어나서 캄캄한 창고 안에서나 한밤중에도 흐릿하게나마 사물들을 볼 수 있게 해 주는 고마운 존재야. 칠흑같이 어두운 밤하늘에서 내려오는 희미한 별빛도 막대 세포의 도움으로 볼 수 있지. 우리 눈의 망막에는 원뿔 세포보다 막대 세포가 월등히 많아. 희미한 빛을 감지하려면 일단 수가 많아야 하니 그렇겠지. 단, 막대 세포는 한 종류라서 색깔을 구분하는 능력은 없고 빛의 세기만을 느끼기 때문에 명암을 담당하는 세포라고 할 수 있어. 만약 사람의 망막에 막대 세포만 있었다면 세상은 희미한 흑백의 세계로 보였겠지.

원뿔 세포, 세상에 색을 입히다

밝은 한낮 혹은 조명등이 켜져 있는 실내에서 사물들을 볼 수 있는 건 원뿔 세포 덕분이야. 원뿔 세포는 막대 세포와는 다르게 어느 정도 빛이 밝아야 작동하지. 원뿔 세포에는 세 종류가 있어. 5-2 그래프에서 나타나는 것처럼 청, 녹, 그리고 적원

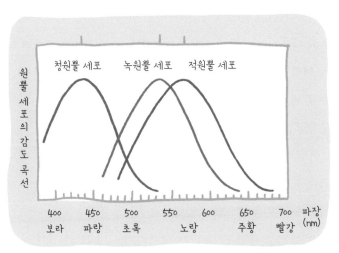

청원뿔 세포   녹원뿔 세포   적원뿔 세포

원뿔 세포의 감도 곡선

400   450   500   550   600   650   700   파장
보라   파랑   초록   노랑   주황   빨강   (nm)

5-2 원뿔 세포의 감도 곡선

뿔 세포가 그것이야. 이름을 보니 어떤 의미인지 감이 오지 않

니? 흔히 빛의 삼원색이라 부르는 파랑(청), 초록(녹), 그리고 빨

강(적)에 대응하는 세 가지 원뿔 세포가 존재하는 거야. 5-2 그

래프는 세 가지 원뿔 세포가 가시광선의 파장 범위에서 각각 반

응하는 정도를 나타내는 감도 곡선이야. 가로축은 파장을 나타

내서 왼쪽에서 오른쪽으로 보라색에서 빨간색까지 나열되어 있

어. 청원뿔 세포는 눈에 들어온 빛 중에서 주로 파란색 파장 영

역의 빛에 반응하기 때문에 이름에 '청'이라는 글자가 붙었어.

녹원뿔 세포는 초록색 빛에 주로 반응하고, 적원뿔 세포는 주

5. 빛으로 칠하는 알록달록한 세상

황색과 빨간색 빛에 주로 반응하지. 입사된 빛에 이 세 종류의 원뿔 세포가 반응하여 시신경을 통해 뇌로 정보를 전달하면 뇌가 어떤 색깔 빛인지 판단하는 거란다. 물론 이건 굉장히 단순하게 얘기한 거야. 실제로 사람이 색을 인지하는 과정은 매우 복잡하고 아직도 비밀에 싸여 있는 부분이 있지.

이제 이 세 종류 원뿔 세포의 반응으로부터 어떻게 색이 인지되는지 간단한 예로 알아보자. 어떤 빛이 들어왔는데 세 원뿔 세포 중 청원뿔 세포만 자극했다고 쳐. 그 빛은 어떤 스펙트럼을 띠고 있고 어떤 색깔로 보일까? 다시 5-2 그래프로 돌아가보자. 청원뿔 세포의 감도 곡선을 자극하기 위해서는 500나노미터보다 파장이 짧은 스펙트럼을 가진 빛이 눈에 들어와야 하겠지? 이 파장 대역은 파란색과 보라색 쪽이야. 그래서 청원뿔 세포만을 자극하는 빛은 당연히 우리 눈에 파란색 계열로 보이지. 만약 어떤 빛이 눈에 들어와 청, 녹, 그리고 적원뿔 세포를 전부 고르게 자극한다고 해 보자. 이 빛은 어떤 색일까? 파랑, 초록, 빨강의 파장 범위를 모두 자극해야 하니 그 빛은 흰색일 거야. 이렇게 세 원뿔 세포가 자극을 받는 정도에 따라 우리 눈에 들어온 빛의 색상이 결정되지.

색을 만드는 첫 번째 방법, 섞기 =====

결국 색을 느낀다는 것은 빛이 눈의 망막에 있는 원뿔 세포들과 만나 화학적 반응을 만들어 내고 이것이 전기적 신호로 바뀌어서 뇌로 전달된 후 심리적으로 해석되는 과정이라고 할 수 있어. 이 과정을 이해하면 빛으로 색을 만드는 과정도 잘 이해할 수 있을 거야.

주변을 둘러보면 색이 만들어지는 데는 두 가지 과정이 있다는 걸 알 수 있어. 첫 번째는 섞는 거야. 여러 빛들이 섞여서 특정한 색깔의 빛을 만드는 거지. 텔레비전이나 휴대폰의 화면이 대표적인 예야. 다른 하나는 햇빛이나 조명광이 물체에서 반사되거나 물체를 통과하는 과정에서 일부가 물체에 흡수되면서 색이 입혀지는 현상이지. 컬러 프린터로 인쇄한 사진이나 그림, 성당의 아름다운 스테인드글라스가 여기에 해당돼. 지금부터 이 두 가지 방법에 대해 좀 더 자세히 설명해 볼게.

먼저 색을 섞는 방법부터. 확대경을 가지고 휴대폰이나 텔레비전의 화면을 보면 화소(pixel)라고 부르는 기본 단위가 보여. 요즘 나오는 텔레비전은 화소 숫자가 최소 200만 개 이상이지.

5-3의 왼쪽 그림은 확대된 화소 구조를 보여 주는 그림이야. 여기에서 볼 수 있듯이 화소 하나는 RGB라고도 하는 세 부분으로 이루어져 있지. ° RGB는 각각 빨강(Red), 초록(Green), 파

랑(Blue)을 일컫는 영어 단어의 머리글자를 땄어. 이 세 부분에서 이름 그대로 빨강, 초록, 그리고 파랑 빛이 나오지. 이 세 가지 색깔의 빛을 '빛의 삼원색'이라고 해. 화소는 각각 RGB에서 나오는 빛의 세기를 조절해 색상을 조정하지.

5-3의 오른쪽 그림을 보자. 이 그림은 빛의 삼원색이 섞이면 어떤 색깔의 빛이 만들어지는지 몇 가지 사례를 보여 주고 있어. 빨강과 초록 빛이 섞이면 노랑 빛이 만들어지고 초록과 파랑 빛이 섞이면 청록 빛이 만들어지지. 그리고 빨강과 파랑 빛이 섞이면 자홍색 빛이 탄생해. 빛의 삼원색을 모두 섞으면? 당연히 흰색이지! 삼원색 빛을 적절히 조합하면 인간이 인지하는 대부분의 색상을 만들어 낼 수 있어.

빛의 삼원색은 우리 눈의 원뿔 세포가 세 종류라는 사실과 연결이 돼. 가령 노랑 빛의 스펙트럼은 보통 빨강과 초록 빛의 파장 대역, 즉 500~650나노미터 범위 안에 있어. 111페이지의 5-2 그래프를 보면 이해하기 쉽지. 노랑 빛은 녹원뿔 세포와 적원뿔 세포를 주로 자극하게 된다는 이야기야. 이 두 세포를 자극하면 뇌는 그 빛을 노란색으로 느끼지. 이게 바로 우리가

●화소 하나를 구성하는 이 세 부분을 부화소(sub-pixel)라고 해.

바나나 같은 물체를 바라볼 때 눈과 뇌에서 노란색으로 느끼는 과정이란다.

같은 맥락으로 디스플레이의 화소 속에 있는 RGB 중 R에서는 빨강 빛이, G에서 초록 빛이 나오고, 파랑 빛이 나오는 B는 꺼져 있다면 그 화소의 빛은 눈에 들어와 적원뿔 세포와 녹원뿔 세포만 자극하겠지? 그러면 그 화소는 노란색으로 보일 거야. 이처럼 빛의 삼원색을 적절히 이용해서 우리가 인지하는 색상을 만들어 내는 방법을 **가법혼색**이라고 해. '가법'은 더하는 방법이라는 뜻이고 혼색은 색을 섞는다는 의미니까 삼원색을 더하고 섞어서 색깔을 만든다는 뜻이지. 이것이 대부분의 디스플레이와 전광판에서 화소별로 색상을 표현하는 방법이야.

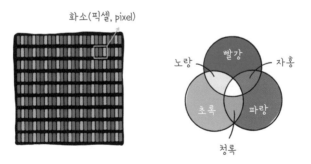

5-3 왼쪽은 디스플레이 화면의 화소, 오른쪽은 빛의 삼원색과 가법혼색을 표현한 그림이야.

색을 만드는 두 번째 방법, 흡수하기

이제 색을 만드는 두 번째 방법을 알아볼 차례야. 그림 5-4 를 보자.

앞서 우리가 물체의 색을 느끼는 건 광원에서 나온 빛이 물체에 부딪친 후 반사되어 눈에 들어오기 때문이라고 했지. 그림 5-4의 위쪽 그림은 모든 색이 섞여 있는 흰색 햇빛, 즉 백색광이 사과에 부딪쳐 우리 눈에 들어오는 상황을 나타내고 있어. 사과가 빨간색으로 보이는 이유는 자신에게 부딪히는 백색광 중에 파랑과 초록 빛을 흡수해 버리고 빨강 빛만 반사하기 때문이야. 이것이 우리가 물체의 색을 느끼는 기본적인 과정이라 할 수 있어. 모든 물체는 조명이나 햇빛의 일부 파장은 흡수하고 일부 파장은 반사하지. 어떤 파장 대역의 빛이 반사되는 가에 따라 우리가 느끼는 색이 결정되는 거야.

바나나를 예로 들어 한 번 더 설명해 볼게. 바나나는 조명이나 햇빛(빨강+초록+파랑) 중에서 파랑을 주로 흡수하고 나머지 (빨강+초록)를 반사해. 이렇게 반사된 빛은 우리 눈에 들어와 적원뿔 세포와 녹원뿔 세포를 자극하여 노란색으로 보이게 하는 거야. 만약 조명 빛의 모든 파장을 고르게 반사하면 흰색 물체로 보일 거고, 조명 빛의 대부분을 흡수해 버리면 검정색 물체로 느끼겠지.

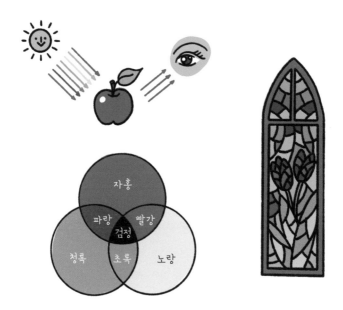

5-4 눈은 어떻게 물체의 색을 받아들일까? 비밀은 색의 삼원색과 감법혼색에.

　반사 외에 투과를 통해서도 조명 빛에 색을 입힐 수 있어. 성당이나 교회에 가면 볼 수 있는 스테인드글라스가 대표적인 예야. 그림 5-4 오른쪽에 스테인드글라스가 보이지? 스테인드글라스의 초록 창은 왜 초록으로 보일까? 이것도 물체가 빛을 반사하는 것과 똑같은 원리야. 햇빛이 창문을 통해 들어올 때 빨간색과 파란색은 흡수되고 초록색 빛만 통과하는 거지. 이처럼 빛의 일부 파장은 흡수하고 일부는 통과시켜 색을 만들 수도 있어. 물체의 반사에 의해 만들어지는 색을 **반사색**이라고 하는데, 투과되는 빛이 변조하여 색이 만들어지면 이를 **투과색**이라고 불러. 이처럼 빛의 삼원색이 모두 섞여 있는 흰색 빛에서 특정 색깔은 흡수해서 빼 버리고, 흡수되지 않은 빛으로 색을 만드는 방법을 **감법혼색**이라고 불러. 여기서 '감법'은 빼는 방법이라는 뜻이니, 특정 색깔을 빼서 색을 만드는 방법 정도로 이해하면 되겠지?

컬러 프린터도 비슷한 원리야. 프린터의 컬러 잉크는 왜 자홍(Magenta), 청록(Cyan), 그리고 노랑(Yellow)으로 구성되어 있는지 궁금하지 않니? 이 세 가지 색을 '색의 삼원색'이라 불러. 이 색들만 있으면 대부분의 색깔을 만들 수 있지. 왜 그런지는 이 세 잉크가 어떤 색을 흡수하고 어떤 색을 반사하는지 확인해 보면 이해할 수 있을 거야.

우선 노랑 잉크는 흰색 빛 중 파랑 빛만 흡수하고 나머지 초록과 빨강 빛을 반사해. 청록 잉크는 빨강 빛만 흡수하고 파랑과 초록 빛은 반사하고. 자홍 잉크는 초록 빛만 흡수하고 파랑과 빨강 빛은 반사하지. 5-4의 왼쪽 아래 그림은 이 잉크들을 조합했을 때 어떤 색이 만들어지는지 보여 주고 있어. 노랑 잉크와 청록 잉크를 섞으면 어떻게 될까? 노랑 잉크는 파랑을 흡수하고 청록 잉크는 빨강을 흡수하니까 두 잉크를 섞으면 파랑과 빨강 빛이 동시에 흡수되겠지? 결과적으로 초록 빛만 반사되니 우리 눈에는 초록으로 보이는 거야. 마찬가지로 자홍과 노랑 잉크를 섞으면 빨강 빛만 반사되고, 자홍과 청록 잉크를 섞으면 파랑 빛만 반사가 되지. 세 가지 색을 다 섞으면 빨강, 초록, 파랑 빛을 흡수하는 셈이니 검정으로 보이는 게 당연하고. 이처럼 세 잉크를 적당한 비율로 섞어서 원하는 파장 대역의 빛을 반사시키면 우리가 인지하는 대부분의 색상을 만들 수있어. 이게 컬러 프린터가 작동하는 원리지. 화가의 섬세한 터치 속에 오묘한 색상이 구현된 명화도 기본적으로 이런 과정을 거쳐 탄생하는 거야.

제대로 반사해야 예쁘지

색은 물체의 변하지 않는 성질이라고들 하지. 하지만 사실 물체의 색은 조명과 물체가 만드는 합작품이라는 표현이 더 정확해. 옷 가게에서 마음에 드는 옷을 샀는데, 집에 와서 보면 매장에서의 멋진 느낌이 나지 않는 경우가 종종 있지? 그건 매장의 조명과 집의 조명이 다르기 때문일 가능성이 커. 그보다 극단적인 경우는 주황색 가로등이나 터널 조명 아래에서 본 물체의 색이야.

멋진 색깔의 자동차가 황색 터널 조명이 비추는 터널로 들어가면 어떻게 보이는지 아니? 자동차 고유의 색깔이 터널 속에서 칙칙한 황색으로 변해 버려. 물체의 색은 햇빛이나 백색광처럼 모든 색깔이 골고루 포함되어 있는 빛 아래에 있을 때 고유의 색이 자연스럽게 잘 드러나지. 그래야만 물체의 특성에 따라 특정 파장 범위의 빛, 혹은 특정한 색을 반사할 수 있으니까. 터널 조명이나 가로등으로 많이 사용하는 황색 등 아래에서는 물체가 반사할 빛이 황색밖에 없으니 색상이 전체적으로 황색으로 보여. 파란색 자동차는 황색 등이 달린 터널 속을 달릴 때 어떻게 보일까? 파란색 물체는 파랑 빛을 반사해야 색상이 제대로 보일 텐데, 황색 등에는 파란색이 거의 없거든. 그래서 황색 등의 빛을 반사하지 못하고 대부분 흡수해 버려. 즉, 황색등에서 나온 빛을 흡수하기만 하고 반사하는 빛이 없으니 검정색으로 보일 수밖에 없지.

물체의 색을 자연스럽게 느끼기 위해서는 햇빛과 비슷하게 빨주노초파남보가 고르게 섞여 있는 조명등을 사용하는 게 중요해. 조명등은 빛을 만드는 원리에 따라 다양한 스펙트럼을 나타내고 그에 따라 물체들의 색상 연출에도 중요한 역할을 할 수 있어.

다음 장에서는 일상에서 사용하는 조명이 어떤 원리로 빛을
만들어 내는지 알아보도록 하자.

빛의 탄생과 진화

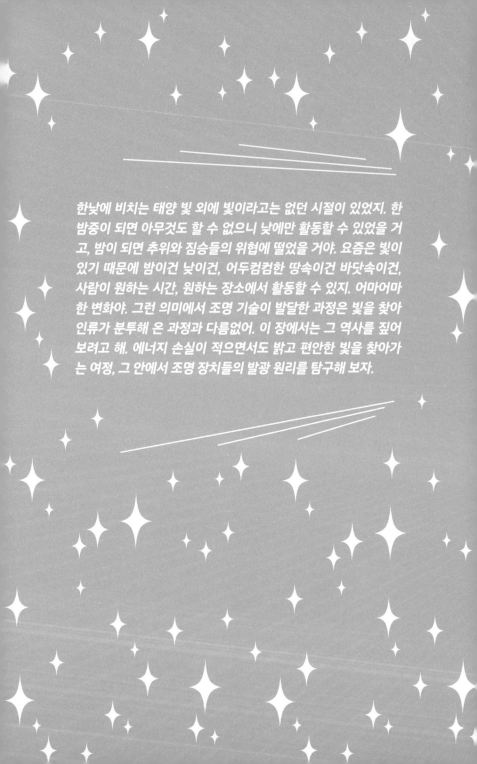

한낮에 비치는 태양 빛 외에 빛이라고는 없던 시절이 있었지. 한밤중이 되면 아무것도 할 수 없으니 낮에만 활동할 수 있었을 거고, 밤이 되면 추위와 짐승들의 위협에 떨었을 거야. 요즘은 빛이 있기 때문에 밤이건 낮이건, 어두컴컴한 땅속이건 바닷속이건, 사람이 원하는 시간, 원하는 장소에서 활동할 수 있지. 어마어마한 변화야. 그런 의미에서 조명 기술이 발달한 과정은 빛을 찾아 인류가 분투해 온 과정과 다름없어. 이 장에서는 그 역사를 짚어 보려고 해. 에너지 손실이 적으면서도 밝고 편안한 빛을 찾아가는 여정, 그 안에서 조명 장치들의 발광 원리를 탐구해 보자.

인류의 밤을 밝혀 준 전기의 역사

조명이 없는 저녁을 상상해 본 적 있니? 한밤중에 불빛 없이 화장실에 가야 한다면 얼마나 불편할까? 인류가 불을 이용하기 시작하면서부터 삶의 영역이 밤까지 확장될 수 있었어. 혹시 프랑스에서 발견한 라스코 동굴 벽화에 대해 들어 본 적 있니? 라스코 동굴 벽에는 후기 구석기 시대에 그린 것으로 추정되는 벽화가 가득 그려져 있어. 아래 사진이 그중 일부야. 그림 속 동물들이 금방이라도 튀어나올 것처럼 생생하게 느껴지지 않니? 이 동굴에서는 붉은색 사암으로 만든 석등도 같이 발견되었어. 비록 초보적이긴 하지만 이 조명 덕분에 구석기 시대 인간이 동굴 속에 훌륭한 작품을 남길 수 있었던 거야. 이처럼 조명의 역사는 인류의 활동 무대는 물론이고 시간까지 획기

◀ 프랑스 라스코 동굴에서 발견된 벽화 일부. ©prof saxx
▶ 붉은색 사암으로 제작한 석등도 같이 발견되었어.

적으로 늘려 온 역사라고 할 수 있어.

오늘날 우리는 매우 다양한 조명 기술의 도움으로 과거에는 상상도 할 수 없는 생활 수준을 누리고 있지. 이 장에서는 인류가 개발해 사용해 온 조명 기술의 역사를 정리해 보자. 이는 밝고 효율적인 빛을 찾아 인류가 분투해 온 과정이기도 해.

인류는 선사 시대부터 출발해 문명을 일으킨 이래로 무엇인가를 태워서 빛을 얻었어. 산소를 태우는 격렬한 연소 과정에 동반하는 빛을 이용한 거지. 라스코 동굴에서 발견한 석등도 그런 예야. 움푹 파인 부분에 가연성 기름이나 지방을 넣고 심지를 꽂아 불을 붙였겠지. 연소를 이용해 빛을 얻는 조명으로는 양초, 기름 램프, 가스등 등이 있어. 18세기에는 기름 램프에 쓸 고래 기름을 얻기 위해 수많은 포경선들이 바다를 휘젓고 다녔는데, 이 때문에 고래가 멸종 직전까지 몰렸다고 해. 재미있는 건 고래를 멸종 위기에서 구출한 게 땅속에서 발견한 석유였다는 점이야. 더 값이 싸면서도 밝은 빛을 내는 석유 덕분에 굳이 고래를 잡아 기름을 정제할 필요가 없어진 거지. 이 외에 석탄을 가공하는 과정에서 나오는 석탄 가스도 가스등의 연료로 널리 사용했어. 가스등은 가정에서뿐 아니라 거리의 가로등에도 많이 쓰였는데, 이를 위해 가스를 공급하는 파이프를 도시에 묻는 대규모 공사가 이루어진 곳들도 많아.

오늘날에는 대부분 전기를 이용해 빛을 만들어. 전기에 기반한 조명 기술의 공통점은 공급되는 전기 에너지의 일부를 적당한 방법으로 빛 에너지로 바꾼다는 거야. 본격적인 전기등의 시작을 알린 사람은 누굴까? 맞아, 발명왕으로 유명한 미국의 토머스 에디슨이야.

6-1 왼쪽 사진은 에디슨이 19세기 후반에 개발해 보급했던 초기 백열전구의 모습이고 오른쪽은 오늘날 사용하는 백열전

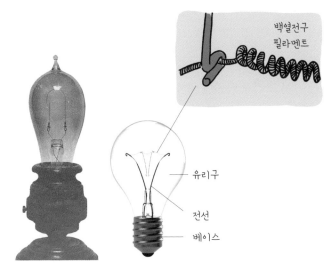

6-1 에디슨이 발명한 초기 백열전구(왼쪽)와 요즘 사용하는 백열전구(오른쪽). 출처: 위키피디아

구야. 둘의 모양은 다소 달라 보이지만 기본 원리는 같아. 백열전구는 공기를 빼낸 유리구 속에 필라멘트라 불리는 꼬인 선을 넣은 거야. 거기에 전류를 흘려 보낼 수 있는 전선이 연결돼 있지. 에디슨은 필라멘트의 재료로 수만 가지 물질을 시험해 본 끝에 대나무를 태우고 남은 탄소 실을 이용했어. 오늘날에는 녹는점이 가장 높은 금속인 텅스텐을 필라멘트 재료로 이용해.

백열전구는 어떤 원리로 빛을 낼까? 탄소 실이나 텅스텐 필라멘트는 전류의 흐름을 방해하는 저항 성분이 있어. 따라서 필라멘트에 전류가 흘러가면[●] 뜨겁게 달궈지면서 온도가 급격히 올라가지. 뉴스나 영화에서 제철소의 용광로나 화산 지대의 용암을 본 적 있지? 섭씨 1000도나 2000도까지 올라가는 쇳물이나 용암에서 불그스름하거나 노란색 빛이 나던 것 기억하니? 그건 뜨겁게 달궈진 물체가 스스로 빛을 내는 생생한 사례야. 백열전구 속 텅스텐 필라멘트도 전류가 흐르면 온도가 섭씨 2500도 혹은 그 이상으로 올라가고 거기서 백열전구 특유의 노란색 빛이 발생하는 거야.

● 전류는 물질 내 전자들의 흐름을 말해. 금속에서는 전자들이 방해받지 않고 잘 흘러가지만 필라멘트의 경우 전자들이 흐르는 과정에서 필라멘트 원자들과 끊임없이 부딪치며 열을 발생시키고 이로 인해 온도가 올라가지.

그렇다면 물체는 왜 온도가 올라가면 빛을 내는 걸까? 거기에는 무척 복잡한 원리가 있는데, 아주 단순하게 말하자면 이래. 온도가 올라가면 물체를 이루는 수많은 원자들이 매우 활발히 진동하고 이들의 움직임이 발산하는 에너지의 합창곡이 빛의 형태로 나오는 거지. 그런데 백열전구에서 나오는 전자기파 중 가시광선은 5~7퍼센트 정도고 나머지는 적외선이 차지해. 2장에서 물체의 온도가 낮으면 파장이 긴 적외선이 나온다고 이야기한 적 있지? 즉, 섭씨 700도 정도보다 필라멘트 온도가 낮으면 적외선만 나오고 그 이상으로 온도가 올라야 가시광선이 일부 나오지만 섭씨 2700도 정도로 오르더라도 가시광선의 비중이 10퍼센트를 넘기는 힘들어. 이건 달리 말하면 내는 빛에 비해 전기를 너무 많이 잡아먹는다는 뜻이야. 그래서 최근에는 많은 나라들이 백열전구 생산이나 사용을 금지했어. 앞으로는 점점 더 보기 힘들어질 거야.

전기 조명의 대세, 형광등

자, 주위를 한번 둘러봐. 네가 앉아 있는 교실이나 집 안을 비추는 전등은 뭐니? 우리가 일상생활에서 가장 많이 사용하고 있는 조명등은 바로 그림 6-2에 등장하는 형광등이야. 요즘에

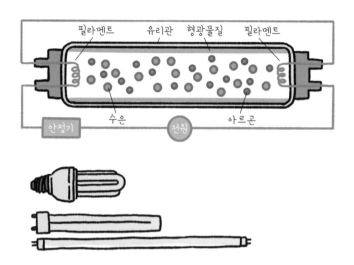

필라멘트　유리관　형광물질　필라멘트

안정기　수은　전원　아르곤

6-2 형광등의 구조와 이런저런 모양의 형광등.

는 LED(Light-Emitting Diode)라고 부르는 발광 다이오드도 많이
사용하고 있지만 아직까진 형광등이 조명의 대세지.

　형광등이 빛을 내는 원리는 무엇일까? 그림 6-2에서 보이듯
이 형광등은 ㄷ 자나, 원형, 나선형 등 모양이 다양해. 하지만
우리에게 제일 친숙한 모양은 아무래도 길쭉한 직관형 형광등
이지. 그림 6-2의 위쪽에 있는 형광등의 단면을 보자. 형광등
을 만들 때는 몸체에 해당하는 유리관 내부의 공기를 모두 빼고
특정한 기체로 채워. 네온(Ne)이나 아르곤(Ar)처럼 화학적으로

안정적인, 그래서 보통 비활성 기체라 부르는 원소들이지. 여기에는 수은(Hg)도 들어가는데, 수은은 상온에서 액체 상태를 유지하는 유일한 금속이야. 비록 액체라 해도 일부는 수증기처럼 기체 상태로 형광등 내부를 채우고 있어.

그림처럼 형광등의 양끝에는 필라멘트 타입의 전극이 있어서 전압을 걸 수 있어. 스위치를 켜서 형광등의 전극에 전압을 가하면 어떤 일이 벌어질까? 필라멘트에서 음전하를 띠는 전자가 형광등 내부로 튀어나와. 전자와 같은 전기적 입자들은 전압을 걸면 매우 빠른 속도로 움직이지. 그러다가 형광등 속을 채우고 있는 기체와 부딪치면서 자신의 운동 에너지를 원자들에게 나눠 줘. 여기서 가장 중요한 과정은 전자의 에너지를 받은 수은 원자가 자외선을 내는 과정이야. 곧 형광등 내부는 수은 원자들이 내뱉는 254나노미터 파장의 자외선으로 가득 차게 돼.

파장이 짧은 자외선은 몸에 해롭다고 했던 것 기억하지? 자외선은 사람의 몸에 매우 해로울 뿐 아니라 눈에 보이지도 않기 때문에 조명으로 사용할 수 없어. 우린 가시광선만 볼 수 있으니까. 이 대목에서 약방의 감초 격으로 등장하는, 그리고 자외선과 환상적인 조합을 이루는 물질을 소개할게. 그림 6-2에 제시한 단면도를 보면 유리관의 내벽에 형광 물질이라는 글씨가 보이지? **형광 물질**은 외부로부터 에너지를 받아 그 일부를 가시광선으로 바꾸는 물질을 일컬어. 형광체라 부르기도 하지. 야광 반지나 야광 팔찌를 가지고 놀아 본 적 있지? 여기에 쓰이는 야광 물질은 낮에 받은 햇빛의 에너지를 머금고 있다가 어두운 밤중에 특정 색깔의 빛으로 천천히 내놓지. 형광 물질도 이와 비슷한데, 외부 에너지를 받자마자 바로 가시광선으로 방출한다는 것이 야광 물질과 뚜렷이 구분되는 점이야. 형광등의 안쪽 벽에 코팅한 형광 물질은 수은 원자가 만든 자외선이 밖으로 탈출하려는 통로를 지키고 있지. 그러다가 자외선 에너지를 흡수한 후 가시광선을 방출하여 형광등이 조명으로써 자기 역할을 하도록 도와주는 거야. 자, 이제 왜 형광등의 이름에 '형광'이라는 단어가 들어 있는지 알겠지? 빛을 만드는 데 있어서 형광 물질이 핵심적인 역할을 담당하기 때문에 형광등이라는 이름이 붙은 거야.

다음 주제로 넘어가기 전에 형광등의 원리를 한번 정리해 보자. 형광등에 공급된 전기 에너지는 전자를 빠르게 움직이게 해서 운동 에너지를 만들고 이것이 수은 원자에 공급되어 자외선 에너지로 변한 다음에 형광 물질을 거쳐 최종적으로 빛이 되지. 형광등은 보통 주입한 전기 에너지의 25퍼센트 정도를 빛으로 바꾼다고 알려져 있어. 나머지 75퍼센트는 어떻게 되냐고? 빛으로 바뀌지 않은 에너지는 램프 내에서 열에너지로 바뀌어 손실돼. 형광등의 유리관이 따뜻해지는 건 이 때문이지. 그런데 이 형광등도 어쩌면 백열전구의 뒤를 따라 역사의 뒤안 길로 사라질지도 모르겠어. 형광등 속에 들어 있는 수은이 유 해 물질이기 때문이야. 전 세계적으로 유해 물질을 규제하려는 움직임이 강해지면서 수은이 포함된 형광등을 점점 LED 조명 으로 바꾸는 추세에 있어.

전기 조명의 미래, LED

이제 가장 최신 조명 기술이라 할 수 있는 LED로 넘어가 보 자. 앞에서 잠깐 반도체 이야기를 했는데, 혹시 반도체의 뜻을 알고 있니? 그건 모르더라도 우리나라가 반도체 강국이라는 얘 기는 들어 봤지? 금속처럼 전기(전류)가 엄청 잘 흐르는 물체를 도체라 부르고 전기가 흐르지 않는 물체를 부도체라고 해. 반 도체는 그 사이에 있는 물질이라 보면 돼. 즉, 부도체에 비하면 전류가 통하기는 하지만 도체에 비하면 형편없이 적게 흐르는 거지. LED는 바로 이 반도체로 만들어. 실리콘(Si) 같은 반도체 에 불순물을 약간 넣어 주면 불순물의 종류에 따라 양의 전기 (전하)를 띠는 P형 반도체와 음의 전기(전하)를 띠는 N형 반도체 를 만들 수 있어.＊ N형 반도체는 음의 전기를 띠니 당연히 전

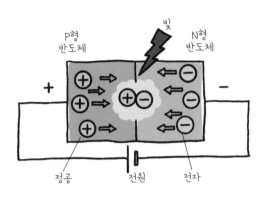

P형
반도체

빛

N형
반도체

+

−

정공

전원

전자

출처: 위키피디아

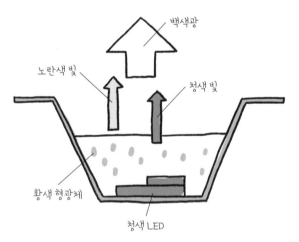

백색광

노란색 빛

청색 빛

황색 형광체

청색 LED

6-3 LED의 구조

자들이 들어 있겠지? 반면에 P형 반도체는 양의 전기적 성질을 띠는 구멍들이 있는데 이를 정공이라고 해. N형 반도체와 P형 반도체를 나란히 붙인 소자를 다이오드라 하는데 그중 빛을 내는 다이오드를 LED라고 불러.

그림 6-3의 위쪽을 보자. 왼쪽에는 P형 반도체, 오른쪽에는 N형 반도체가 있어. 여기에 건전지와 같은 전원을 그림처럼 연결하면 LED 내 전자와 정공이 상대방을 향해 흘러가면서 N형과 P형 반도체가 접합된 부위에서 만나지. 전자랑 정공이 결합하면 에너지가 발생하는데, 이것이 빛의 형태로 방출되면 발광 다이오드, 즉 LED가 되는 거야. 쉽게 이해가 안 되면 이렇게 비유해 보면 어떨까? 칠석날 오작교 위에서 견우와 직녀가 만난다는 전설은 들어 봤지? 남자인 견우와 여자인 직녀가 서로를 그리워하다가 까마귀들의 도움으로 만나면 사랑의 기운이 퍼져 나온다고 하잖아. 서로 반대의 전기를 띠는 전자와 정공도 결합하면서 에너지를 방출하는데 그것이 빛의 형태인 거야. 방출되는 빛의 색깔은 LED를 구성하는 반도체의 종류나 조성에 따라 달라지지. 오늘날에는 적외선에서 가시광선을 거쳐 자외선

● P와 N은 각각 양(Positive)과 음(Negative)을 뜻하는 영어 단어의 첫 글자에서 빌려 왔어.

에 이르기까지 다양한 파장 대역의 전자기파를 방출하는 온갖 LED들이 개발되어 있어.

6-3의 중간 사진은 하나의 패키지 속에 빨강(R), 초록(G), 파랑(B)을 내는 세 종류의 LED가 동시에 불을 밝히고 있는 모습이야. 이처럼 LED 각각은 종류별로 특정 색상의 빛만을 방출하지. 그렇지만 LED를 조명으로 쓰기 위해서는 형광등과 마찬가지로 흰색 빛을 내야겠지? LED를 이용해 어떤 방식으로 백색광을 만들 수 있을까? 가장 간단한 것은 사진처럼 빛의 삼원색을 내는 R, G, B LED 세 개를 모아 놓는 방법이야. 이 세 가지 LED들이 내는 빛이 자연스럽게 섞이면서 백색광원이 되는 거지. 이보다 더 간단하고 자주 사용하는 방법도 있어. 형광등을 설명할 때 약방의 감초라고 했던 형광 물질을 이용하는 거야.

6-3의 맨 아래쪽 그림을 볼까? 청색 LED를 덮고 있는 것은 투명한 플라스틱 같은 거야. 그 속에 점점이 황색 형광체 파우더가 뿌려져 있지. 이 형광 물질 역시 외부 에너지를 받아 빛으로 바꾸는데, 이 경우에는 LED가 방출하는 청색 빛이 외부 에너지고, 이걸 황색 형광체가 흡수한 후 바꿔서 내뱉는 빛의 색이 노란색이야. 이때의 형광체는 일종의 색깔 변환기라고 할 수 있겠지. 형광 물질을 못 만나는 청색 빛은 자기 색을 유지하며 그대로 빠져나오고 형광 물질을 만나는 청색은 노랑 빛으로

변해서 나올 테니 우리 눈에는 그 둘이 섞여서 들어오겠지? 청색 빛과 노랑 빛이 섞이면 어떤 색으로 보일까? 5장에서 노랑 빛은 빨강 빛과 초록 빛이 섞여서 만들어진다고 했지. 그러니 노랑 빛에 파랑을 섞으면 빛의 삼원색인 빨강, 초록, 그리고 파랑 빛이 섞이는 것과 동일한 효과를 내. 다시 말해 백색광을 구현하는 거야. 경우에 따라서는 황색 형광체 대신에 빨강과 초록 형광체 두 종류를 섞어서 넣기도 해. 그러면 이 두 형광체가 청색 LED가 내는 청색 빛을 흡수하면서 초록과 빨강 빛을 방출하니 빛의 삼원색이 바로 섞이며 백색광이 되지.

디스플레이의 빛

조명은 빛을 비춰서 어둠을 없애는 역할도 하지만, 빛의 밝기와 색을 이용해 원하는 정보를 전달하기도 해. 우리가 매일 사용하는 디스플레이가 그런 예지. 디스플레이 장치는 어떻게 빛을 이용해 영상을 만들어 낼까?

지난 한 세기 동안 매우 다양한 디스플레이 기술이 출몰했지만, 오늘날 가장 많이 사용되는 건 액정 표시 장치(LCD, Liquid Crystal Display)와 유기 발광 다이오드(OLED, Organic Light Emitting Diode)라고 부르는 두 기술이란다. LCD는 휴대폰 정도의 작은 크기에서부터 노트북, 모니터를 비롯해 /5인지가 넘는 대형 평판 텔레비전에 이르기까지 거의 모든 응용 분야에 사용하는 디스플레이의 선두주자야. OLED는 스마트 시계 및 일부 휴대폰과 태블릿, 그리고 아직 소량이기는 하지만 일부 텔레비전에도 적용하고 있어.

디스플레이의 화면 구조는 거의 동일해서, 화소라고 부르는 발광 단위가 모자이크처럼 나란히 배치되어 있지. 5장의 5-3 그림으로 돌아가서 디스플레이 화면의 화소 그림을 잠깐 되짚어 봐도 좋겠어. 디스플레이 화면은 화소 수에 따라 구분하는데, 그 형식 중 하나인 'Full HD'의 화소 수는 1920×1080이라고 표시해. 이건 화소가 가로로 1920개, 세로로 1080개 배열되어 있다는 얘기지. 그래서 총 화소 수는 대략 200만 개 정도야. 5장에서도 확인했지만 빛을 이용해 다양한 색을 만들기 위해서는 삼원색이 필요하지. 따라서 하나의 화소는 다시 부화소라고 하는 3개의 영역으로 나뉘고 각 부화소가 빨강, 초록, 그리고 파랑 빛을 내보내게 되어 있어. 앞에서 살펴본 것처럼 삼원색 빛의 밝기를 적당히 조절해서 섞어 주면 그 화소의 색상이 결정되는 거야. 파란색 부화소는 빛을 방출하지 않고 빨강과 초록 빛을 담당하는 부화소가 동시에 빛을 낸다면 그 화소는 어떤 색상을 띠게 될까? 그래, 바로 노랑 빛이야.

LCD와 OLED의 차이를 이해하려면 디스플레이를 구분해 볼 필요가 있어. 디스플레이는 크게 스스로 빛을 내는 디스플레이와 다른 조명 장치의 도움을 받아야 하는 디스플레이가 있어. 전자의 예는 OLED, 후자의 예는 LCD야. 그렇다면 LCD는 왜 스스로 빛을 내지 못할까? LCD의 부화소는 빛이 투과되는 양만 조절해 주는 스위치 같은 존재란다. 그래서 LCD 화면 뒤에서 백색광을 공급해 주는 별도의 조명 장치가 필요해. 이를 백라이트(backlight)라고 하지. 이렇게 밝기가 조절된 백색광이 올라오면 부화소에 있는 컬러 필터가 색깔을 입혀. 흡사 햇빛에 의해 아름답게 채색된 스테인드글라스처럼 말이야.

반면에 OLED는 스스로 빛을 내는 디스플레이야. OLED는 아주 간단히 얘기하면 LED를 유기 물질로 만드는 거지. 유기 물질이란 탄소가 기본 골격을 이루는 화합물을 일컬어. 그러니 OLED에는 화소 단위로 빛의 삼원색을 내는 세 종류의 유기 반도체가 있다고 보면 돼. OLED는 LCD와는 다르게 백라이트가 필요 없으니 두께를 줄일 수 있겠지? 딱딱하고 구부리기 힘든 유리 대신에 자유롭게 휘어질 수 있는 플라스틱 판을 이용해서 플렉시블(flexible) 디스플레이로도 활용할 수 있어. 접을 수 있는 폴더블(foldable) 휴대폰이나 둥글게 말 수 있는 롤러블(rollable) 텔레비전도 모두 OLED 기술로 개발하고 있지. 롤러블 텔레비전은 스피커만 보이는 길쭉한 박스 속에 스크린이 감겨 있어서 텔레비전이 보고 싶을 때 펴면 스크린이 위로 올라오는 혁신적인 디자인이야. 우리나라 가전회사가 한 전시회에서 선보여서 전 세계 언론이 주목하고 있지.

미래에는 어떤 조명 아래에서 이 책을 읽을까?

오늘날 기술의 진화 속도는 너무 빨라서 이를 따라가며 살펴보기도 벅찰 정도야. 조명과 디스플레이 기술도 마찬가지지. 그렇지만 기술의 진화에도 원칙 같은 게 있어. 인간의 삶을 더 풍요롭고 편하게 해 주는 방향으로 기술이 발전해야 한다는 거지. 조명 기술은 더 밝고 더 효율적인 동시에 피사체의 색감을 풍성하게 비춰 줄 수 있는 방향으로 발전해 나갈 거야. 디스플레이도 마찬가지지. 지금까지 전기 에너지를 덜 쓰면서도 더 밝게, 그리고 더 풍부하게 색을 연출하여 실감나는 영상을 구현할 수 있는 방향으로 진화해 왔어. 사각형의 고정된 스크린이라는 형식을 탈피해 구부리거나 접을 수 있는 유연한 형식, 입체감을 생생히 느낄 수 있는 3차원 디스플레이, 벽을 통째로 장식할 수 있는 모듈(module)형 디스플레이 등 다양한 모습으로 말이야.

멀지 않은 미래에는 가정에서 사용하는 조명과 디스플레이를 포함한 모든 전자기기들을 인터넷으로 묶어 조정할 수 있는 사물인터넷(IoT) 시대가 본격적으로 도래할 거야. 네트워크가 기기들을 연결하고 기기와 우리가 언제 어디서나 연결되는 시대가 되는 거지. 그때 정보 향유의 중심에는 무선통신과 더불어 디스플레이가 있을 거야. 데이터 이동은 마이크로파가, 전달된 정보 공유는 가시광선이 디스플레이를 통해 맡아 주는 거지. 이런 면에서 디스플레이는 인간과 기계를 연결해 주는 인터페이스●의 주역이라 할 수 있어. 역동적으로 진화해 가는 기술의 변화 속도를 따라잡으며 그 기술의 연결망이 우리 생활을 어떻게 바꾸어 나갈지, 어떻게 해야 그 기술들에 끌려다니지 않고 우리가 주체가 되어 지혜롭게 활용할 수 있을지 진지한 고민이 필요한 시점이 된 것 같아.

●인터페이스는 두 장치(기계) 사이의 정보나 신호를 연결해 주는 장치를 얘기해. 하지만 여기서는 사람과 기기들을 연결해 정보를 주고받게 하는 장치라는 의미가 더 크지.

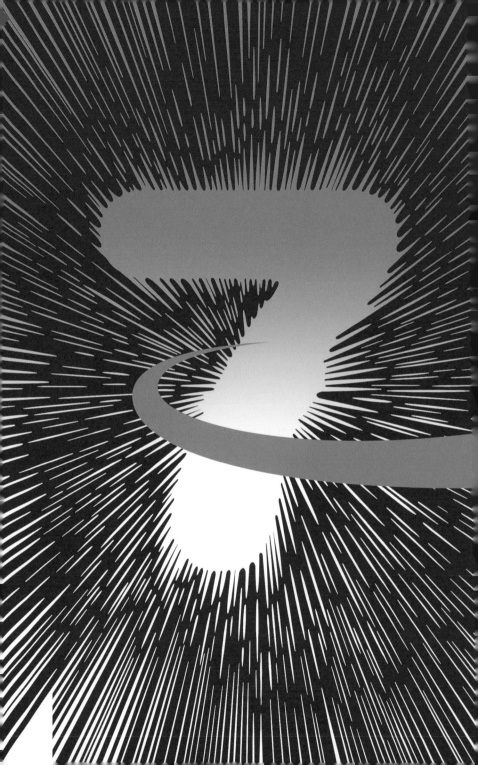

지금까지 빛을 어떻게 분류할 수 있는지, 빛이 어떻게 행동하는지 알아보고, 인간이 만든 인공 빛까지 살펴봤어. 이제는 그 빛을 이용해 자연의 어떤 비밀들을 파헤칠 수 있는지, 과학과 산업 현장에서 어떻게 이용할 수 있는지 알아볼 차례야. 빛을 활용하기 위해선 빛을 나눠서 분석할 수 있어야 해. 그걸 분광학이라고 하지. 빛을 나눠서 들여다보면 그 속에 물질, 나아가 우주의 비밀이 우리를 기다리고 있을 거야. 그 비밀을 추적하는 분광학의 세계로 같이 떠나 보자.

인류 역사에서 과학적 진보가 이루어진 극적인 순간들이 여러 번 있었어. 그중 하나를 꼽으라면 중세 시대 이탈리아의 위대한 과학자인 갈릴레오 갈릴레이가 망원경을 만든 후에, 렌즈가 향하는 방향을 인류 역사 최초로 밤하늘로 돌렸을 때가 아닐까 싶어. 갈릴레이가 살았던 16~17세기 유럽 사람들만 해도 우주는 지구와 다르게 완벽한 공간이라고 믿었어. 지구가 우주의 중심에 있고 지구를 도는 천체들은 완벽한 공 모양이면서, 또한 완벽한 원을 그리며 움직인다고 생각했지. 그런데 갈릴레이가 바라본 우주의 천체들은 이런 모습과는 많이 달랐어. 달에는 여기저기 울퉁불퉁한 분화구들이 있어 완벽한 구와는 거리가 멀었고, 목성 주위에서 지구가 아닌 목성을 도는 위성을 네 개나 발견했거든. 결국 갈릴레이의 발견은 우주의 법칙과 지구의 법칙이 다르지 않다는 것, 지구가 속한 우주는 단일한 물리 법칙에 의해 움직인다는 새로운 인식을 향한 첫걸음이 되었지. 천체들의 운동과 지구 위에서 우리가 보는 물체들의 운동을 기술하는 단일 법칙은 뉴턴의 운동 법칙과 중력 이론으로 완성이 되었어. 우리는 이 물리 법칙을 활용해 태양계 곳곳에 탐사선을 보내는 시대에 살고 있는 거지.

이렇듯 지구와 우주가 근본적으로 같은 법칙 아래에서 움직이는네, 둘의 공통점은 또 있어. 지구를 구성하는 물질들과 다른 행성, 위성, 별과 은하들을 이루는 물질이 같다는 것이 과학자들의 노력으로 밝혀진 거야. 출발점은 19세기 초였지. 그때부터 본격적으로 태양의 분광 스펙트럼을 상세히 조사하기 시작했거든. 당시 햇빛의 스펙트럼은 연속적으로 완만하게 변한다고 생각했어. 가시광선을 예로 들면 빨간색에서 보라색까지 빠진 곳 없이 빛의 세기가 비교적 부드럽게 변한다고 생각한 거지. (그래프 2-2로 다시 돌아가서 살펴봐도 좋겠어.) 그런데 태양 빛을 자세히 조사하던 과학자들은 태양 빛의 연속 스펙트럼 중간중간에 특정 파장들이 빠져서 검게 보이는 선들을 다수 발견했어. 이 선들은 발견자의 이름을 따서 프라운호퍼(Fraunhofer) 선이라고 불러.

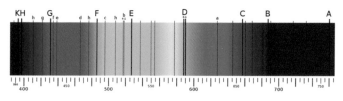

프라운호퍼 선 출처: 위키피디아

위의 무지개 색 스펙트럼에 이 검정 선들의 일부가 표시되어 있어. 발견 당시 과학자들은 이 선이 무엇인지 정체를 알 수 없었어. 그런데 나중에 알고 보니 이 선들은 천상의 물질, 즉 별과 지구의 물질이 같은 원소로 구성되어 있다는 사실을 나타나는 직접적인 증거였지. 다시 말하면, 태양계 내 모든 천체, 다른 별들과 은하를 포함해 우리가 바라보는 우주의 천체들도 주변에서 흔히 보는 지구의 물질과 다름없이 모두 100여 가지의 기본 원소들로 구성되어 있다는 길 발견하게 된 거야. 이 까만 선으로 어떻게 그렇게 어마어마한 사실을 알아낸 걸까? 이 과정을 이해하기 위해서는 물질을 구성하는 원자나 분자들이 추는 고유한 춤을 들여다볼 필요가 있어.

원자의 춤, 분자의 춤

범죄 드라마나 추리 소설을 떠올려 봐. 경찰이 범죄 현장에 도착하면 가장 먼저 하는 일 중의 하나가 뭐였던 것 같니? 그래. 바로 범인이 남긴 흔적, 즉 지문을 채취하지. 손가락에 새겨져 있는 지문은 개인의 고유한 특징으로 사람마다 다르지. 원자나 분자도 사람의 지문처럼 고유한 특징을 갖고 있어. 그걸 원자나 분자의 '고유한 춤'이라고 표현하고 싶어.

물질은 어떻게 구분할까? 내가 손에 쥐고 있는 돌 속에는 어떤 원소들이 들어 있고 그 원소들은 어떻게 연결되어 있을까?

다른 행성이나 태양에도 대기가 있다면 그 대기는 무엇으로 구성되어 있을까? 이를 알아내려면 물질을 구성하는 원자나 분자들이 필연적으로 남길 수밖에 없는 흔적을 찾아야만 해. 그 흔적이 바로 원자나 분자의 진동, 즉 이들이 추는 춤이란다. 원자나 분자가 춤을 추듯 움직인다니 이상하게 들리려나? 우리도 멋진 일, 좋은 일이 생기면 흥분해서 몸을 막 흔들고 싶거나 방방 뛰고 싶잖아. 원자나 분자도 그래. 주위에서 에너지를 받으면 춤을 추는 거지. 에너지를 많이 줄수록 더 힘차게 자신만의 춤을 춰. 그러다가 어느 순간 춤을 멈추고 자신이 품고 있던 에너지를 전자기파의 형태로 내보내. 이때 나오는 빛의 색깔, 혹은 빛의 파장은 원자나 분자가 잃어버리는 에너지의 크기에 따라 달라. 특히 중요한 건 원자나 분자마다 방출하는 빛의 파장이 다르다는 거야. 원자나 분자는 모두 자신만의 고유한 춤을 추고 자신만의 고유한 색깔의 빛을 내뱉는다는 거지. 이런 면에서 원자나 분자가 내는 빛은 사람의 지문과 같은 거야. 그래서 물질에서 나오는 빛을 분석하면 어떤 원자, 어떤 분자가 그 빛을 방출했는지 알 수 있어.

자, 그럼 이제 원자나 분자가 어떤 춤을 추는지 구경해 보자.

원자는 가운데 양전하를 띠는 원자핵이 있고 주변을 도는 음전하의 전자들이 있다는 것, 기억하니? 원자의 질량 대부분은 원자핵에 모여 있어. 수소 원자의 경우 원자핵인 양성자가 그 주위를 도는 전자에 비해 약 1840배 정도 더 무거워. 그래서 가벼운 전자는 무거운 원자핵 주변을 돌며 자신만의 춤을 춰. 전자가 추는 이 고유한 춤이 바로 해당 원자의 특징이 되는 거지. 사실 현대물리학이 들려주는 원자의 세계는 이보다 훨씬 복잡하지만, 여기서는 최대한 단순하게 비유적으로 이야기하는 거라고 이해해 줘.

다음 페이지 7-1 그림의 왼쪽을 보면 수소 원자의 원자핵 주변을 전자가 원형 궤도들 중 하나를 따라 돌고 있지? 이 궤도들은 수소 원자의 전자가 추는 고유한 춤을 형상화한 거라고 생각해 보자. 멀리 떨어진 궤도 위의 전자일수록 더욱 활발한 춤을 추고 따라서 에너지가 높아져. 그러니까 외부에서 수소 원자에 에너지를 공급하면 왼쪽 그림처럼 낮은 궤도에서 낮은 에너지를 가지고 춤을 추던 전자가 그 에너지를 받아서 높은 궤도로, 더 활발히 춤추는 궤도로 올라가지. 기억해야 할 것은 각 궤도의 형상과 에너지는 수소 원자의 고유한 특징이라는 거야.* 그리고 이렇게 전자가 돌도록 허용된 궤도와 궤도 사이에는 전자

● 양자역학이라는 현대물리학의 학문 분야에서는 원자나 분자들이 갖는 에너지 궤도를 정확히 계산할 수 있는 이론이 정립되어 있어.

가 존재할 수 없어. 따라서 외부에서 에너지를 준다고 전자가
마구 궤도를 뛰어넘어 올라갈 수 있는 건 아니야. 외부 에너지
가 빛의 형태로 공급된다면 그 빛 중에서도 다른 궤도로 뛰어넘
는 데 필요한 에너지를 가진 색깔의 빛알만 전자를 위로 올릴
수 있다는 뜻이야. 다시 말해서 궤도를 뛰어넘는 데 10이라는
에너지가 필요하다면 딱 10만큼의 에너지를 가진 빛알만 높은
궤도로 전자를 올릴 수 있어. 여기서 알 수 있는 중요한 사실!
어떤 색깔의 빛이 원자에 흡수되는가를 알면 그 원자가 어떤 원
자인지 알 수 있다는 거지!

　거꾸로 높은 궤도에서 낮은 궤도로 내려오는 전자는 올라갈
때 흡수했던 에너지를 빛의 형태로 방출해. 흡수한 빛의 색깔
과 동일한 색의 빛을 말이야. 따라서 원자로 이루어진 어떤 기
체가 어떤 색의 빛을 흡수하거나 방출하는지 알면 그 기체를 이

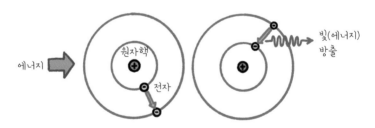

7-1 왼쪽은 전자가 에너지를 받아 낮은 궤도에서 높은 궤도로 올라가는 모습. 오른쪽은 전자
가 높은 궤도에서 낮은 궤도로 내려가면서 빛을 방출하는 모습.

루는 원자의 종류를 알아낼 수 있어.

그럼 원자와 원자가 결합해 만들어지는 분자는 어떨까? 우리에게 제일 친숙한 물질인 물 분자를 예로 들어 보자. 물 분자는 그림 7-2에서 보이듯이 산소(O) 원자 하나를 중심에 놓고 두 개의 수소(H) 원자가 약 104도 각도로 결합해 있어.

이런 구조를 가진 분자는 세 가지 독특한 방식으로 춤을 춰. 그림처럼 세 원자가 동시에 멀어지다가 가까워지는 춤, 각도를 바꾸며 구부러지는 춤, 좌우 비대칭으로 늘어났다가 줄어드는 춤을 추는 거야. 이 춤이 진동하는 횟수는 조금씩 다르지만 대략 1초에 10조 회 정도나 되지. 이런 진동수로 물 분자를 춤추게 하려면 동일한 진동수를 가진 적외선이 필요해. 거꾸로 물 분자가 춤을 멈추면 그 에너지는 해당 진동수를 가진 적외선의 형태로 방출되지. 따라서 어떤 분자 집단에서 물 분자의 고유

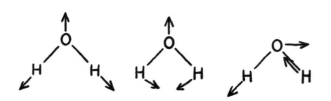

7-2 산소 원자 하나와 수소 원자 두 개로 이루어진 물 분자가 추는 고유한 춤, 즉 진동 방식을 보여 주는 그림.

한 진동수를 가신 적외선이 방출되었다면 그 속에는 분명히 물 분자가 있다는 뜻이야.

이처럼 우리는 물질이 흡수 혹은 방출하는 빛을 분석해서 그 물질을 이루는 원자나 분자에 대한 정보를 얻을 수 있어. 이렇게 빛을 분석해서 원자와 분자가 남긴 흔적을 추적하는 학문을 분광학이라고 해.

빛을 나누는 방법과 스펙트럼

분광은 빛(光)을 나눈다(分)는 뜻이라고 이야기했어. 물질에서 나오는 빛을 분석하는 분광학은 과학 연구의 핵심을 이루는 분야로 산업 현장에서 광범위하게 활용되고 있지. 자세한 예들은 뒤에 더 소개할게.

그림 7-3에서 볼 수 있듯이 프리즘은 빛을 나누는 대표적인 광학 소자야. 보통 투명한 유리나 플라스틱으로 만들지. 이런 물질의 표면에 빛이 비스듬히 들어가면 빛의 방향이 꺾인다는 건 3장에서 이미 얘기했어. 빛을 어느 정도 굴절시키는지를 나타내는 물질의 특성을 굴절률이라 했던 것도 기억나지? 유리나 플라스틱의 굴절률은 색깔에 따라 달라진다는 것도 기억할 거야. 프리즘의 한 면에 비스듬히 백색광, 즉 흰색 빛을 넣

으면 색깔별로 다르게 꺾이면서 무지개 색으로 퍼지게 되어 있어. 즉, 모든 색깔의 빛이 섞여 흰색으로 날아오는 빛을 프리즘이 색깔별, 파장별로 분광하는 거지.

빛을 나누는 방법은 이 외에도 여러 가지가 있어. 그중에서 가장 많이 사용하는 방법을 하나 더 소개할게. 혹시 저장 장치인 CD나 DVD의 뒷면에서 반사되는 빛을 관찰한 적이 있니?

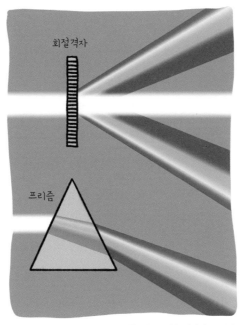

7-3 빛을 나누다니 놀라워라. 분광법!

조명 아래에서 보면 CD 표면에 부딪친 빛이 무지개 색으로 반사되어 눈에 들어오는 것을 쉽게 확인할 수 있지. 이는 CD 표면이 빛을 프리즘처럼 분해한다는 의미일 거야. CD나 DVD는 프리즘도 아닌데 어떻게 색을 분해하는 걸까? 그 비밀은 이 저장 장치에 새겨진 미세한 홈들에 있어. CD나 DVD처럼 평평한 판에 미세한 홈이 규칙적으로 새겨져 있는 광학 부품을 회절격자라고 해. 회절격자 표면에는 1밀리미터밖에 안 되는 작은 길이에 보통 1000개 정도 미세한 홈이 새겨져 있지. 머리카락 직경 정도에 홈이 100개나 새겨져 있다는 얘기인데, 얼마나 촘촘할지 상상이 되니? 여기에 4장에서 다룬 회절이라는 말이 다시 등장하네. 빛이 미세한 틈을 지나가면서 퍼져 나가는 에돌이 현상을 회절이라고 했던 것, 기억할 거야. CD처럼 엄청나게 많은 홈이 새겨진 표면에 부딪친 빛은 그 홈을 통과해 지나가거나 반사하면서 퍼지게 되어 있어. 홈마다 빛이 통과하니 1밀리미터에 1000개의 광원을 가지고 있는 거나 마찬가지야. 이 광원들이 내는 빛은 퍼져 나가면서 서로 만나 간섭 현상을 일으켜. 이때 빛을 이루는 전기장의 마루와 마루가 만나서 빛의 세기가 강해지는 방향이 있겠지. 빛들이 힘을 합쳐서 보강간섭을 이루는 방향은 빛의 색깔, 즉 파장에 따라 달라질 거야. 빛의 색깔별로 파장이 다르니까 말이야. 그래서 그림 7-3의 위쪽에 보이는 것처럼 회절격자를 통과한 백색광이 무지개 색으로 퍼져 나가지. 회절격자는 프리즘보다 빛을 나누는 능력이 뛰어나서 오늘날 분광법에서 대표적인 광학 부품으로 사용하고 있어.

이제 이런 분광법을 이용해 물질의 특성을 어떻게 파악하는지 알아보자.

원자들의 춤이 스펙트럼에 새겨지다 ════

그림 7-4는 세 가지 실험을 보여 주고 있어. 첫 번째는 백열전구나 태양처럼 뜨거운 물체가 내는 빛의 스펙트럼을 측정하는 실험이야. 이 경우 프리즘을 거쳐 분해된 빛은 우리 눈에 모든 색깔, 모든 파장이 존재하는 연속적인 무지개 색으로 퍼져서 보이겠지. 두 번째 실험은 건너뛰고 세 번째 실험부터 살펴보자. 여기선 광원 앞에 차가운 기체를 놓고 거길 통과해 지나가는 빛을 분광법으로 측정했어. 차갑다는 건 기체를 구성하는 원자들의 에너지가 작다는 의미겠지. 원자 속 전자들을 춤추게 만들려면 에너지가 필요한데 이 경우에는 광원에서 나오는 빛이 그 에너지야. 빛이 차가운 기체를 통과할 때 기체를 이루는 원자의 원자핵 주위를 도는 전자들이 그 빛 에너지를 흡수하면서 낮은 궤도에서 높은 궤도로 올라간다고 했지? 궤도와 궤도

사이의 에너지 차이는 원자마다 다르기 때문에 흡수되는 빛의 색깔도 원자별로 다르다는 얘기도 했어. 따라서 차가운 기체를 통과하는 빛 중 원자들의 궤도 구조에 의해 흡수될 수 있는 색깔의 빛만 흡수되고 나머지는 아무 일 없다는 듯 그대로 통과하는 거야. 그래서 7-4에서 마지막 그림에 보이는 것처럼 연속적으로 펼쳐진 무지개 색 중간중간에 이빨이 빠진 듯 빈 곳이 생기는 거지. 이런 스펙트럼을 **흡수 스펙트럼**이라고 불러.

이제 가운데 실험을 살펴보자. 이 실험은 특정 원소로 구성된

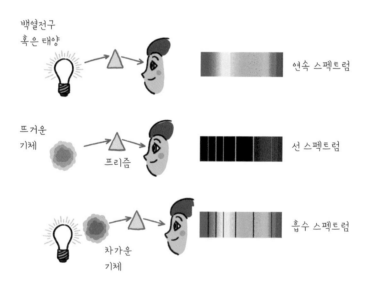

7-4 빛은 상황에 따라 어떤 색은 흡수하고 어떤 색은 내보낸다.

기체를 가열해 에너지를 주면서 가열된 기체에서 방출되는 빛을 관찰한 거야. 기체 속 원자들이 에너지를 계속 받으면 전자들이 그 에너지를 흡수하면서 낮은 궤도에서 높은 궤도로 올라간다고 했지? 즉, 뜨거운 기체 속 원자들은 공급되는 에너지를 잔뜩 머금고 전자들이 계속 춤을 추다가 낮은 궤도로 내려가면서 에너지를 빛의 형태로 뱉어 내는 거야. 그렇지만 이들이 방출하는 빛의 색깔이 아무렇게나 정해지지는 않겠지. 원자의 궤도 구조에 따라 특정 색깔의 빛들만 방출하니까 결국 우리에겐 특정 색깔로 구성된 빛들만 보이는 거야. 스펙트럼으로 그리면 날카로운 발광선의 형태가 보이겠지. 이를 **선 스펙트럼**이라고 불러.

이렇게 원자들이 빛을 흡수하고 다시 방출하는 원리를 이해하면 차가운 기체가 흡수하는 빛의 색깔들은 같은 원자로 구성된 기체가 에너지를 잔뜩 얻었을 때 내뱉는 빛의 색깔들과 정확히 일치한다는 걸 알 수 있어. 7-4의 그림처럼 차가운 기체의 흡수 스펙트럼에서 색깔이 빠진 위치는 뜨거운 기체가 뱉어 낸 선 스펙트럼의 빛의 색깔들 위치와 동일하다는 얘기야. 이런 면에서 원자들은 대단한 편식쟁이지. 원하는 색깔의 빛만 흡수하거나 방출하니까 말이야. 이 특정 색깔들, 다시 말해 특정 파장을 원자의 지문이라고 할 수 있어.

아래 사진을 보사. 이 사진은 주기율표를 구성하는 원소들이 가시광선 대역에서 내는 발광 스펙트럼(선 스펙트럼)을 그린 거야. 원소마다 스펙트럼이 다르다는 게 보이지? 이 말인즉, 원소별로 전자의 궤도 구조가 달라서 전자들이 서로 다른 춤을 춘다는 얘기지. 분자들도 마찬가지야. 분자에 전자기파 에너지, 특히 적외선을 쬐면 자신들이 추는 춤에 맞는 진동수의 빛만 흡수하고 나머지는 통과시켜. 반면에 에너지를 얻어 춤추던 분자가 그 에너지를 포기하면 흡수했던 빛을 다시 방출하고. 단, 분자들의 춤은 원자보다는 훨씬 느리고 에너지도 작기 때문에 파장이 긴 적외선 대역에서 흡수나 방출 스펙트럼이 보이지.

©Julie Gagnon

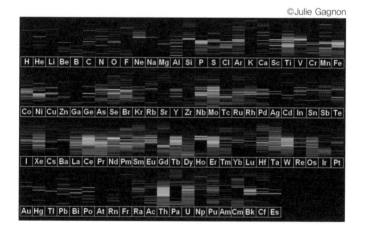

분광학은 어디에 쓸까? =====

이처럼 분광학은 물질을 구성하는 원자나 분자에 대한 풍부한 정보를 제공해. 그래서 과학의 온갖 분야에서 엄청나게 다양한 쓰임새를 갖고 있지. 몇 가지 예를 들어 볼게. 어떤 오래된 미술 작품이 진품인지 위작인지 논란이 일 때가 있지? 이를 판가름할 때 분광학을 이용할 수 있어. 해당 작품에 남아 있는 안료● 성분을 분광법으로 확인하면 되는 거지. 수백 년 전의 안료와 오늘날 사용하는 안료는 분자 구조가 확연히 다를 거야. 그래서 분광학으로 안료의 성분을 분석해서 진위 여부를 판별할 수 있어. 공항에서 발견된 가루 속에 마약이 섞여 있는지는 어떻게 바로 알 수 있을까? 역시 그 가루를 이루는 분자들이 추는 춤의 진동수를 분광법으로 조사하면 돼. 마약의 일종인 코카인 분자는 자신의 분자 구조에 맞는 춤으로만 스스로를 드러내기 때문에 특정 파장의 적외선만 흡수하거나 방출해. 그래서 가루 속에 코카인이 들어 있는지 여부를 간단히 알 수 있어.

이처럼 분광학은 과학자들에게는 강력한 연구 기반으로, 산업 현장에서는 품질 관리 수단으로, 그리고 수사관들에게는 수

_____
●안료란 다른 물질들에 색깔을 내게 하는 미세한 분말을 의미해.

사 기법의 노구로 활용될 징도로 응용 분야가 무궁무진해.

여기에 더해 분광학이 효용 가치를 발휘하는 매우 중요한 또 다른 분야가 있어. 바로 우주를 연구하는 천문학이야. 인간은 태양에 직접 가 보지도 않았는데 태양을 이루는 물질, 혹은 태양을 둘러싼 대기의 구성 성분이 무엇인지 어떻게 알게 되었을 까? 다시 그림 7-4의 세 번째 실험으로 가 보자. 여기서 전구를 태양이라고 하고, 차가운 기체는 태양을 감싸고 있는 대기권 속 기체라고 생각해 봐. 태양 빛이 상대적으로 차가운 기체를 통과하는 과정에서 기체를 이루는 원자나 분자에 의해 빛의 일부가 흡수되지. 원자나 분자는 모두 특유한 색깔 혹은 고유한 파장의 성분들만 흡수한다고 했지? 따라서 태양의 연속 스펙트럼에서 빠지는 파장들을 추적하면 태양의 대기를 이루는 성분들을 알 수 있어. 실제로 측정을 해 보면 근자외선에서 가시광선을 거쳐 근적외선*에 이르는 태양의 흡수 스펙트럼에는 2만 개 이상의 검정색 흡수선이 존재한다고 알려져 있어. 이게 바로 146쪽에서 이야기한 프라운호퍼 선이야. 이걸 분석해서 태양의 대기에 대한 정확한 정보를 얻을 수 있지. 이 분광법은 우주에서도 통해. 수십억 광년 떨어진 은하의 구성 성분, 성간 물질들을 이루는 원소들도 분광법으로 파악할 수 있지. 그래서 천문학자들에게는 무척이나 고마운 연구 방법이야.

오늘날 인류는 태양계 곳곳으로 탐사선을 보내는 시대를 살고 있어. 수성부터 명왕성에 이르기까지 인류의 탐사선이 거쳐 가지 않은 행성이 없을 정도야. 화성에는 미항공우주국(NASA)이 보낸 로봇 탐사체들이 돌아다니고 있고 혜성이나 소행성 탐사도 활발히 진행되고 있지. 대부분의 탐사선에는 분광기가 장착되어 있어. 그걸로 천체의 표면에서 반사되거나 천체의 대기를 통과한 빛을 분석해서 성분을 알아내지. 짙은 대기에 둘러싸여 있는 토성의 최대 위성 타이탄도 대기의 흡수 스펙트럼을 측정하여 질소와 메테인 분자가 대기의 주된 성분이라는 것을 확인할 수 있었지.

그러니 분광학을 우주 탐사의 선봉장이라고 부르는 거야. 아무리 멀리 떨어진 곳에서 출발한 빛이라 하더라도 그 속에는 빛을 보낸 물질의 흔적이 묻어 있고 이 흔적의 주인을 찾는 것이 바로 분광법이기 때문이지. 범죄 현장에 남은 지문을 통해서 범인을 찾아낼 수 있는 것처럼 말이야.

●보라색 빛에 이웃해 있는 자외선을 근자외선이라고 불러. 마찬가지로 빨간색 빛에 가장 가까이 존재하는 적외선을 근적외선이라고 하지.

빛의 과학이 밝힐 새로운 세상

이제 빛의 세계를 둘러본 우리의 여행을 마무리할 때가 다가왔구나. 지금까지 살펴본 것처럼 빛의 과학은 빛을 만들고, 보내고, 감지하거나 응용하는 모든 분야와 관련되어 있어. 이 시점에서 노벨상에 대해 잠깐 얘기를 해 보고 싶어. 여행을 마무리할 시점에 갑자기 웬 노벨상이냐고? 노벨상은 인류의 삶과 문명에 지대한 영향을 끼친 발견이나 발명을 한 사람에게 주어지지. 그중 노벨물리학상은 빛의 과학, 빛의 기술과 떼어 낼 수 없는 관계에 있어. 그래서 빛에 대한 연구가 인류에 어떤 영향을 미쳤는지 살펴볼 수 있는 좋은 소재지. 양자물리학과 상대성이론 같은 현대물리학이론이 만들어지는 과정에서 빛의 성질 및 빛과 물질 사이의 작용에 대한 연구가 중요했다는 얘기는 여는 글에서 간략히 했어. 이 마지막 장에서는 최근 노벨물리학상의 몇 가지 사례를 들어서, 빛을 만들고 검출하는 혁신적인 광기술과 빛의 연결망을 통해 우리가 얼마나 놀랍고 새로운 시대를 살아가고 있는지, 그리고 이를 바탕으로 어떤 미래를 펼쳐 가게 될지 이야기해 보자.

새로운 빛을 찾아서 ≡≡≡

6장에서 인류의 역사는 더 밝고 더 효율적인 빛, 즉 인공 광원을 찾아 헤맨 역사이기도 하다고 얘기했어. LED에 대해서도 설명했지. 반도체로 구성한 다이오드에 전류를 주입하면 빛이 나는 발광 소자 말이야. LED의 색은 1960~1970년대를 거치면서 빨간색, 그다음엔 노란색과 초록색까지 확장되었는데, 파장이 제일 짧은 청색 LED를 보기 위해선 1990년대 중반까지 기다려야 했지. 청색 빛을 내기 위해 필요한 반도체 재료를 제대로 만드는 게 그렇게 힘들었던 거야. 이를 위해 오랜 시간 동안 끈질기게 연구를 해서 청색 LED 발명에 성공한 일본 과학자 세 사람(아카사키 이사무, 아마노 히로시, 나카무라 슈지)이 2014년 노벨물리학상을 수상했지. 청색 LED가 등장함으로써 우린 새로운 방식으로 백색광을 만들 수 있게 됐고, 조명의 새로운 시대를 열어 가고 있어.

LED나 형광등 말고 우리 생활에서 빼놓을 수 없는 인공 광원으로는 무엇이 있을까? 일일이 헤아릴 수 없을 정도로 광범위하게 사용하고 있는 레이저가 있어. 레이저는 1950년대에 이론이 정립되었고 1960년대에 최초로 발명됐지. 레이저의 원리와 기초를 다진 과학자 세 명(미국의 찰스 타운스, 러시아의 니콜라이 바소프와 알렉산드르 프로호로프)은 그 공로를 인정받아 1964년에 노

천문대에서 공기에 의한 떨림 효과를 제거하기 위해 사용하는 레이저. 출처: 위키피디아

벨물리학상을 받았어. 일상생활에서 레이저가 사용되는 예를 몇 가지 들어볼까? 레이저 포인터, 레이저 프린터, CD나 DVD 플레이어, 바코드 스캐너, 광통신, 복합기의 스캐너, 홀로그래피, 라식 같은 수술에 이용하는 의료용 레이저, 과학이나 산업계로 넓히면 강철을 절단하는 레이저에서부터 천체망원경의 정밀 측정을 도와주는 레이저까지, 레이저의 응용 분야는 셀 수 없을 정도로 많아.

그렇다면 레이저는 기존의 빛, 즉 태양이나 조명이 내는 빛과 무엇이 다를까? 그 원리를 이해하려면 현대물리학에 대한 상세한 지식이 필요해. 그래서 이론을 얘기하는 대신 비유를 들어 보려고 해. 7장에서 높은 궤도로 올라간 전자가 낮은 궤도로 떨어지며 특정 색깔의 빛을 낸다고 했던 것 기억하지? 레이저는 원자들에게 에너지를 지속적으로 공급해서 많은 전자들이 끊임없이 높은 궤도로 올라가 대기하게 해. 그 전자들은 낮은 궤도로 떨어질 준비를 하고 있는 거지. 이들이 떨어지며 내는 단일 파장의 빛은 레이저 속의 독특한 거울 구조에 의해 특정 방향으로 직진하면서 매우 밝은 광선을 만들어. 좁은 문을 통해 사람들이 들어간다고 해 보자. 매우 활달한 초등학생들이라면 문을 지나자마자 제멋대로 온갖 방향으로 무질서하게 돌아다니겠지. 반면에 문 앞에 열을 딱 맞춰서 대기하고 있는 군인들이 있으면 어떨까. 문이 열리면 보폭을 정확히 맞춰 직선 대오를 유지하면서 힘차게 전진하겠지? 앞의 경우가 우리가 일반적으로 보는 조명 빛이라면 군인들이 힘찬 발걸음을 유지하며 보폭을 통일해 직선으로 걸어가는 경우를 레이저 광선에 비유할 수 있을 것 같아. 레이저는 직진성이 매우 강하고 빛의 세기도 월등히 높기 때문에 다양한 분야에서 활용할 수 있어.

이런 특성 때문에 레이저는 노벨상과 직간접적으로 관련이 많아. 2018년도 노벨물리학상도 "레이저 물리의 위대한 발명"이라 불린 업적을 거둔 세 명의 과학자들에게 돌아갔지. 최고령 수상자인 아서 애슈킨(Arthur Ashkin)은 광학 집게*라는 기술을 개발해 수상의 영예를 안았어. 광학 집게란 레이저 빔**으로 아주 작은 지점에 초점을 맞춘 다음 그 안에 있는 작은 입자를 포획해 고정하는 광기술로서 물리학뿐 아니라 생물·의학 등 다양한 분야에 큰 영향을 미쳤지. 나머지 두 수상자는 레이저의 세기를 증폭시키는 효율적인 기술을 개발한 제라드 무루(Gerard Mourou)와 도나 스트리클런드(Donna Strickland)야. 연속적으로 빛이 나오는 레이저가 아닌 아주 짧은 시간 동안 펄스 형태로 잠깐 빛이 나오는 레이저를 펄스 레이저라고 하는데, 오늘날 전 세계 초강력 펄스 레이저 시스템은 이 두 사람이 개발한 증폭 기술을 활용하고 있어. 가장 강력한 초강력 레이저의 경우, 순간적인 세기는 지구 전체에 쏟아지는 태양 빛을 볼펜심 끝에 모아 놓은 것과 비슷할 정도로 엄청나다고 해. 이런 증폭 기술을 사용하는 대표적인 예는 안과에서 시술하는 펨토-라식 수술이야.*** 눈의 각막을 절단하기 위해 증폭 기술이 적용된 펄스 레이저를 이용하지. 1960년대 레이저가 발명된 이래, 그리고 1980년대 레이저 빔의 증폭 기술이 개발된 이래 레이저 활용은 첨단 연구, 다양한 산업 현장, 그리고 우리 일상 생활을 크게 바꾸었어.

빛으로 정보를 나르다 ═══

자연적으로든 인공적으로든 빛이 만들어졌을 때 그것을 검출하는 것은 빛에 담긴 정보를 정확히 파악하는 데 반드시 필요하지. 과거에 빛을 감지하는 역할은 전적으로 사람의 눈이 담당했어. 그렇지만 사람의 눈은 빛의 밝기나 색깔을 분리해 보는

● 영어로 optical tweezer라고 하는데, 우리가 물건을 집을 때 집게를 사용하듯이 세포나 먼지보다 작은 입자를 포획할 때 레이저 빛을 이용하기 때문에 이런 이름이 붙었어.
●● 빔(beam)은 빛이나 전자기파의 흐름을 의미하는 용어야. 레이저 빔은 보통 직경이 거의 일정하게 유지되면서 먼 거리를 날아가는데, 렌즈를 이용하면 빔의 직경을 특정 지점에서 매우 작게 줄일 수 있어. 그 특정한 지점을 렌즈의 초점이라 부르지.
●●● 펨토는 펨토초 레이저를 가리키는데 레이저 펄스의 지속 시간이 1천조분의 1초 정도로 엄청나게 짧아.

8. 빛의 과학이 밝힐 새로운 세상

데 한계가 있을 수밖에 없어. 가장 결정적으로 눈은 가시광선 이외의 전자기파는 볼 수도 없지. 오늘날 사용하고 있는 빛의 검출 기술은 전자기파의 모든 파장 범위를 감지할 수 있을 뿐만 아니라 사람이 전혀 느끼지 못하는 희미한 빛도 측정할 수 있을 정도로 정밀해. 2009년 노벨물리학상 수상자 중 윌러드 보일 (Willard Boyle)과 조지 스미스(George Smith)는 오늘날 광범위하게 사용하는 CCD 센서를 발명한 공로를 인정받았지. CCD 하니까 기억이 나는 대목이 있지 않니? 맞아. 5장에서 사람 눈의 망막처럼 빛을 감지하는 대표적인 반도체 소자가 CCD고 오늘날 대부분의 카메라나 휴대폰에 들어 있다고 얘기했었지. CCD는 외부에서 들어온 피사체의 정보를 디지털 영상으로 바꿔 주는 최초의 소자였어.

CCD 표면에는 광다이오드라는 반도체가 화소 구조를 이루며 빽빽이 배열되어 있어. 광다이오드란 빛을 받으면 이에 반응해 전하를 생성하는 소자야. 빛의 양이 많을수록 생성되는 전하량도 늘어나지. 집 마당에 떨어지는 비의 양을 위치별로 측정하고 싶다고 해 보자. 가장 직관적으로는 마당에 양동이를 빈틈없이 갖다 놓는 방법이 있지. 그리고 나서 일정 시간 동안 기다린 후에 양동이에 담긴 물을 비커에 따라 측정하면 위치별로 떨어지는 비의 양을 손쉽게 알 수 있을 거야. CCD의 광다이오드가 하는 역할이 바로 이런 거야. 수백만 혹은 수천만 개의 광다이오드는 자기 위치에 들어오는 빛을 전하로 저장하는데 CCD는 이를 순차적으로 읽어서 들어오는 빛의 양을 위치별로 재지. 여기에 더해 CCD 화소별로 RGB 컬러 필터를 결합해서 들어오는 빛의 성분을 색깔별로 나누면 해당 피사체의 색상 정보까지 읽고 저장할 수 있어.

과학자들은 가시광선뿐 아니라 전자기파의 모든 파장 영역의 빛을 감지할 수 있는 다양한 센서들을 개발하고 이용해 왔어. 예를 들어 텔레비전 리모컨이나 손을 대면 자동으로 물이 나오는 수도꼭지엔 적

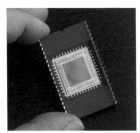

이게 CCD야.

외선을 감지하는 센서가 있지. 천문학자들은 우주로부터 날아오는 온갖 전자기파를 다양한 검출기로 검출하면서 우주의 비밀을 파헤치기도 해. 빛을 스펙트럼으로 분해하는 분광기와 이를 감지하는 검출기는 바늘과 실처럼 항상 붙어 다니지. 빛을 정확히 감지하고 세기와 색상을 측정하여 저장하는 것은 디지털 시대에 필수적인 요소라 할 수 있어.

요즘에는 빛알 하나를 감지하고 이를 이용해 정보 처리를 할 수 있는 기술도 활발히 연구하고 있어. 이런 기술이 발전하면

지금은 전자를 이용해 작동하는 컴퓨터를 빛으로 작동하게 할 수 있을지도 몰라. 빛으로 정보를 처리하며 연산하는 컴퓨터를 구현하는 건 과학자들이 추구하는 꿈 중 하나야.

디지털 시대의 연결망 ═════

오늘날의 정보통신 문명을 디지털 문명이라 부르지. 디지털 형식으로 정보를 주고받는 시대라는 얘기야. 디지털 신호가 뭔지 알고 있니? 디지털이란 정보나 자료를 숫자로 나타내는 방식이라고 배웠을 거야. 3장에서 광섬유를 설명할 때 얘기했듯이 디지털 정보는 전송하고자 하는 신호를 이진수로 바꿔 전달하는 것이라고 할 수 있어. 이진수 체계에서는 오직 0과 1이라는 숫자 두 개만 사용해. 컴퓨터의 하드디스크 속 자료들, 통신망을 통해 전달되는 음성이나 영상 신호, 인터넷 정보와 방송 신호도 대부분 이진수라는 디지털 신호를 통해 저장하거나 전달하지. 이진수의 두 숫자, 혹은 두 상태는 다양한 방법으로 쉽게 표현할 수 있어. 가령 손을 내리고 있으면 0, 손을 올리면 1이라고 해도 맞지.

이진수를 빛의 형태로 표현해 전달하는 게 바로 광통신이야. 3장에서 내부 전반사를 설명하며 광섬유 케이블에 대해 잠깐

이야기했었지? 굴절률이 높은 유리(코어) 속에 빛을 가둬서 전달하는 광섬유는 광통신망의 기본이야. 광섬유를 통해 레이저로 적외선 펄스를 보내면 이진수의 정보를 전달할 수 있지. 즉, 펄스가 전달되는 상태와 전달되지 않는 상태를 이진수의 두 숫자에 대응해서 펄스를 켰다 껐다 하면 디지털 정보가 전달되는 거야. 지금도 전 세계 해저에 깔려 있는 엄청난 길이의 광케이블을 통해 인터넷이 연결되어 막대한 정보가 전달되고 있어. 이것이 제대로 작동하게 하려면 적외선 펄스가 먼 거리를 이동하더라도 중간에 흡수가 거의 이루어지지 않도록 우수한 성질의 광섬유를 개발하는 것이 필수적이었어. 이러한 광섬유를 발명해 광통신 시대를 개척한 찰스 가오(Charles Kao)가 2009년 노벨물리학상을 수상했다는 이야기를 앞에서 한 적이 있지.

광통신 같은 유선통신뿐만 아니라 무선통신에 있어서도 전자기파는 정보를 전달하는 핵심 수단이야. 19세기 말 이탈리아의 물리학자인 굴리엘모 마르코니(Guglielmo Marconi)가 무선통신에 성공한 이래 무선통신은 유선통신과 더불어 우리 생활의 필수 요소가 되었지. 컴퓨터 앞에 앉아 있는 네 주변을 둘러봐. 공간을 채우고 돌아다니며 나와 정보를 연결하고 기기와 기기를 연결하는 전자기파가 몇 종류나 될 것 같니? 라디오에는 전파 신호를 사용하고, 무선 인터넷 환경의 필수품인 무선 공유기의 와이파이, 마우스와 컴퓨터를 연결하는 블루투스, 달고 살다시피 하는 휴대폰과 중계국 사이의 송수신은 모두 밀리미터파라 불리는 전자기파를 통해 이루어져. 대상의 위치를 정확히 파악하게 해 주는 GPS 신호도 비슷한 주파수 범위에 있지. 최근 서비스를 시작한 5G 통신망 역시 정보를 빠르고 효율적으로 전달하는 데 중점을 두고 있어.

어때, 이제 머릿속에 그림이 그려지니?

인류는 지금까지 적절한 밝기와 스펙트럼 등 원하는 특성을 가진 인공 빛을 만들어 왔어. 이 빛의 신호, 전자기 파동의 신호를 적절한 검출기를 이용해 감지하고 읽어 내 저장하기도 하지. 그렇게 저장한 신호를 디지털 신호로 변조하여 빛의 연결망인 광통신이나 무선통신망을 통해 세계 곳곳으로 전달하고, 세상을 연결하고 있어.

우리는 대한민국이라는 작은 나라에서 살아가지만, 유무선 연결망으로 전 세계와 연결되어 있기 때문에 이 세상이, 이 세상의 정보가 내 손 안에 있는 것이나 마찬가지야. 지난 세기가 전자공학의 기술에 기반한 문명 시대였다면, 이번 세기는 빛의 학문과 광기술이 주도하는 시대가 될 것이라는 생각이 들어.

지금껏 빛의 생성과 검출, 그리고 빛을 통한 연결망과 관련해 몇 가지 노벨상 사례를 살펴보았어. 이는 빛의 과학이 펼쳐온 기술 혁명의 중요한 몇 가지 예에 불과해. 빛의 과학과 광기술은 어떤 면에선 인류의 미래, 생존이 걸린 문제일 수도 있어. 왜냐면 빛은 에너지의 한 유형이자 지구상에서 가장 풍부한 에너지원이기 때문이지. 볼록렌즈로 태양광을 모아 거기서 발생하는 뜨거운 열로 발전기를 돌려서 전기를 얻을 수도 있고, 태양 전지처럼 태양 빛을 전기로 바꾸는 발전 방식도 확대되고 있지. 그래서 많은 과학자들이 태양광 발전을 더욱 값싸고 효율적으로 만들기 위해 노력하고 있어.

기존의 광기술을 더욱 효율적으로 바꾸려는 노력도 끊임없이 이어지고 있어. 현재 전 세계 전기 생산량의 20~25퍼센트 정도는 조명을 밝히는 데 사용하고 있다고 해. 그리고 놀랍게도 세계 인구의 4분의 1은 아직도 전기에 접근하지도 못하는 상태야. 따라서 조명의 효율을 10퍼센트만 개선하더라도 전 세계 발전소를 상당수 줄여서 환경 오염을 막거나, 남는 전기를 혜택받지 못하는 곳으로 보낼 수 있다는 얘기야. 현재 사용하고 있는 LED가 이런 노력의 일환이지. LED의 효율은 지난 20년 동안 놀라울 정도로 개선되어 왔고 형광등의 효율을 넘어선 지

미국 네바다주에 건설한 크레센트 듄스 태양열 발전소(Crescent Dunes Solar Energy Plant)의 모습. 태양광을 모아 전기를 생산하는 시설이야. 출처: 위키피디아

오래거든. LED와 태양전지 기술을 결합하면 발전소가 없는 지역에서도 태양광 발전으로 충전을 해서 LED 조명을 손쉽게 켤 수 있으니 개발도상국가의 삶의 질을 개선하는 데도 기여할 수 있지. 이런 노력은 석유 같은 화석 연료를 태워 발생하는 지구온난화를 늦추는 데 도움이 될 거야.

어쩌면 점점 진화하는 레이저 기술이 에너지와 지구온난화 문제 해결의 실마리를 제공할지도 몰라. 레이저 증폭 기술은 레이저의 세기를 핵융합이 가능한 정도까지 올려 놓았거든. 핵융합이란 한마디로 인공 태양을 만든다는 거야. 지구 위에서 고온·고압의 조건으로 원소들의 융합을 일으켜 태양과 같은 방식으로 에너지를 얻는 거지. 이를 위해서는 핵융합의 연료인 중수소와 삼중수소●의 온도를 수억 도까지 올려야 하는데, 여기에 고출력 펄스 레이저가 사용되고 있어. 현재 핵발전소는 핵분열이 일어날 때 발생하는 에너지를 이용하지. 여기에는 안전이나 방사성 폐기물 처리 문제가 있어서 핵분열을 이용한 발전을 반대하는 사람들도 많아. 하지만 핵융합의 경우 방사능 오염 등의 환경 문제가 없어서 미래의 에너지 문제를 해결할 수 있는 대안으로 기대를 모으고 있어.

에너지와 지구온난화 문제는 인류의 생존과 지속 가능한 발전에 있어 핵심이 되는 이슈야. 이런 문제 해결에 빛의 과학과 기술이 주도적인 역할을 하리라는 점도 분명해. 진화하는 광기술이 우리를 어떤 세상으로 유도할지, 사뭇 기대되지 않니?

●수소는 원자핵이 양성자 하나로 이루어져 있는데, 그 양성자에 중성자가 하나 더해지면 중수소, 중성자가 두 개 더해지면 삼중수소라고 불러.

빛을 통해 우리의 기원으로, 그리고 더 먼 곳을 향해

이제 정말 마무리를 해야 할 순간이 다가왔네. 이 짧은 빛의 여행이 어땠는지 궁금하구나. 어떤 사람은 여행의 끝은 끝이 아니라 시작이라고 하더라. 이야기를 마무리하면서 아직 끝나지 않은, 분명히 다시 시작할 빛의 여정이 어디를 향할지 같이 생각해 보고 싶어.

빛의 과학, 빛의 기술은 현대 과학기술의 중요한 기반을 이루고 있어. 유엔에서는 2015년을 "세계 빛과 광기술의 해"로 정해서 빛과 광기술의 중요성을 강조한 바 있지. 그만큼 빛을 다루는 과학과 기술은 오늘날 과학자들의 연구와 산업 분야에서 중요하게 사용되고 있다는 거야. 우리나라는 디스플레이처럼 빛을 직접적으로 이용하는 산업에서 세계적인 기술력을 자랑하며 앞서 나가고 있지. 광기술에 직간접적으로 관련된 기업도 증가하고 있고 그만큼 연구 인력도 많아지는 추세야. 빛은 실용성, 기술과 산업, 인류의 문명에 있어 빠질 수 없는 존재라는

얘기지. 특히 오늘날 빛은 정보 전달의 핵심 수단이야. 인공의 빛 속에 정보를 심어 소통을 하고 있으니까. 앞으로 다가올 정보 문명의 시대에서 빛과 광기술은 조연이 아니라 주연을 담당하게 될 거야.

한편 빛은 무엇보다도 과학자들에게 깊은 영감을 불러일으키는 존재이자 과학 연구의 강력한 수단으로 남아 있어. 현대 물리학의 두 기둥인 상대성이론과 양자역학 역시 빛에 대한 사색, 정밀한 측정, 그리고 끈질긴 연구를 통해 탄생했다고 할 수 있지. 노벨물리학상의 역사가 이를 증명하고 있어. 포항에 있는 방사광 가속기에서 만들어지는 강력한 엑스선, 광주과학기술원 고등광기술연구소의 과학자들이 개발한 초강력 레이저 등은 오늘도 우리의 지식을 한 뼘 더 키우는 데 기여하고 있지. 과학자라는 꿈을 키우는 친구들에게 빛의 과학은 이제 선택이 아니라 필수인 시대가 온 거야.

빛은 인류와 지구, 그리고 우주의 기원을 찾아 떠나는 중요한 여행의 길잡이이기도 해. 우리를 둘러싸고 있는 빛에는 정보를 실어 나르는 인공의 빛뿐 아니라 자연의 빛도 있잖아. 거기에는 인류와 우주의 기원을 탐색하는 데 필요한 정보들이 숨어 있어. 1990년 우주 궤도에 올라간 미항공우주국의 허블 우주망원경은 지난 30여 년간 우주의 속살을 들여다보며 우주의 역사에 대해 많은 얘기를 들려줬어. 허블 우주망원경뿐만 아니라 엑스선이나 적외선을 전문적으로 관측하는, 혹은 외계 행성만을 탐사하는 망원경들도 우주에서 날아오는 온갖 전자기파를 탐지하며 우주의 비밀을 파헤치고 있지.

우리가 관측하는 우주의 빛은 모두 과거에서 온 빛이야. 빛의 속도는 무한대가 아니라 초속 30만 킬로미터라는 상한선이 있기 때문이지. 우리가 보는 태양의 빛은 8분 전의 빛이고

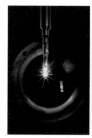 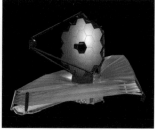

출처: 위키미디어

◀ 300조 와트 레이저 출력으로 형성된 미니 인공 태양.
▶ 2021년 발사 예정인 제임스 웹 우주망원경.

안드로메다 은하의 모습은 250만 년 전에 그곳을 출발한 빛이지. 허블 우주망원경으로 먼 우주를 본다는 것은 까마득한 과거를 본다는 뜻이야. 그런 면에서 망원경을 '과거를 보는 타임머신'이라 불러도 되겠지. 과학자들은 지금 허블 우주망원경보다 더 먼 과거를 볼 수 있는 망원경을 준비하고 있어. 2021년 정도에 발사할 예정인 제임스 웹 우주망원경(James Webb Space Telescope)이 그것이야. 허블 우주망원경으로는 우주 탄생 후 6~8억 년 정도 경과된 후를 볼 수 있었지만 제임스 웹 우주망원경은 빅뱅 후 2억 년이 지난 초기 우주의 모습을 보여 줄 것으로 기대하고 있어. 더 먼 곳의 빛을 찾아간다는 건 더 먼 과거, 그리고 우주의 기원에 더 가까이 다가간다는 의미일 거야. 인류는 빛을 만들고 빛을 이용하고 빛으로 세상을 보아 왔지만 이제 그 빛을 통해 더 먼 과거와 자신의 기원을 향해 다가가고 있어.

빛은 우주의 시작이자 우리의 현재야. 빛을 확인함으로써 우리는 우주 탄생의 비밀에 다가갈 수 있고 그건 인간의 탄생과 본질에 다가간다는 뜻이지. 빛을 향해 떠난 우리의 여행은 결국 우리 스스로를 향한 여행인 거야. 그리고 그 여행은 아직 끝나지 않았어. 빛이 들려줄 비밀들에 계속 귀를 기울여 보자.

이 짧은 여행으로 빛에 대한 관심이 조금이라도 커졌다면 대만족이야. 이 여행 속에 미처 담지 못한 이야기는 동영상으로 꾸며서 온라인에서 볼 수 있도록 준비했어. 동영상을 감상하고 싶으면 블로그 〈빛으로 보는 세상 blog.naver.com/jh_ko〉으로 찾아와 줘. "빛 쫌 아는 10대" 카테고리를 선택하면 관련 영상을 볼 수 있어. 본문의 설명과 비교하면서 보면 더 좋을 것 같구나. 이 동영상을 토대로 직접 실험하면서 결과를 확인하면 생생한 공부가 될 거야. 더 공부해 보고 싶은 친구들을 위해 읽어 보면 좋을 만한 책은 참고 도서로 정리해 두었어.

지금까지는 내가 도와줬지만 이제 스스로 여행을 떠나 볼 차례야. 혹시라도 도움이 필요하면 내게 이메일(hwangko1@gmail.com)을 보내도 돼. 도움이 되는 일이 있다면 언제든지 응원의 손길을 보낼 테니까. 너만의 여행, 너만의 도전 속에서 너만의 빛을 찾아가기 바라.

파이팅!

참고 도서

《뉴턴과 괴테도 풀지 못한 빛과 색의 신비》쿠와지마 미키 · 카와구치 유키토 지음, 이규원 옮김, 한울림어린이, 2003

《다섯가지 빛 이야기》제임스 기치 지음, 김영서 옮김, 황소걸음, 2019

《드디어 빛이 보인다!》윤혜경 엮음, 도서출판성우, 2001

《레일리가 들려주는 빛의 물리 이야기》정완상 지음, 자음과모음, 2010

《별, 빛의 과학》지웅배 지음,위즈덤하우스, 2018

《빛과 색의 사이언스》일본 뉴턴 프레스 지음, 뉴턴코리아, 2017

《빛과 파동 흔들기》한국물리학회 지음, 동아엠앤비, 2016

《빛 Lignt》이명균 외 지음, 카오스 기획, 휴머니스트, 2016

《빛으로 말하는 현대물리학》고야마 게이타 지음, 손영수 옮김, 전파과학사, 2018

《빛으로의 여행》메건 와츠키 · 킴벌리 아칸드 지음, 조윤경 옮김, 시그마북스, 2016

《빛의 공학》석현정 · 최철희 · 박용근 지음, 사이언스북스, 2013

《빛의 물리학》EBS MEDIA · EBS 다큐프라임 [빛의 물리학] 제작팀 지음, 해나무, 2014

《빛의 속도는 어떻게 잴까?》장 루이 보뱅 지음, 김희경 옮김, 민음인, 2006

《빛 이야기》벤 보버 지음, 이한음 옮김, 웅진지식하우스, 2004

《전자기파란 무엇인가》고토 나오히사 지음, 손영수 · 주창복 옮김, 전파과학사, 2018

과학
쫌 아는
십 대
05

초판 1쇄 발행 2019년 8월 12일
초판 4쇄 발행 2022년 11월 18일

지은이 고재현
그린이 방상호

펴낸이 홍석
이사 홍성우
인문편집팀장 박월
편집 박주혜
디자인 방상호
마케팅 이송희 · 한유리 · 이민재
관리 최우리 · 김정선 · 정원경 · 홍보람 · 조영행 · 김지혜

펴낸곳 도서출판 풀빛
등록 1979년 3월 6일 제2021-000055호
주소 07547 서울특별시 강서구 양천로 583 우림블루나인 A동 21층 2110호
전화 02-363-5995(영업), 02-364-0844((편집)
팩스 070-4275-0445
홈페이지 www.pulbit.co.kr
전자우편 inmun@pulbit.co.kr

ISBN 979-11-6172-746-2 44420
ISBN 979-11-6172-727-1 44080 (세트)

이 책의 국립중앙도서관 출판시도서목록(CIP)은 서지정보유통지원시스템
홈페이지(seoji.nl.go.kr)와 국가자료공동목록시스템(www.nl.go.kr/kolisnet)에서
이용하실 수 있습니다.(CIP제어번호 : CIP2019027653)